ABHANDLUNGEN DER DEUTSCHEN AKADEMIE
DER WISSENSCHAFTEN ZU BERLIN

Klasse für Mathematik und allgemeine Naturwissenschaften
Jahrgang 1954 · Nr. 5

PAUL RAMDOHR

NEUE BEOBACHTUNGEN AN ERZEN DES WITWATERSRANDS IN SÜDAFRIKA UND IHRE GENETISCHE BEDEUTUNG

1955

AKADEMIE-VERLAG · BERLIN

Vorgelegt in der Gesamtsitzung am 25. Februar 1954
Zum Druck angenommen am gleichen Tage, ausgegeben am 10. April 1955

Erschienen im Akademie-Verlag GmbH, Berlin W 8, Mohrenstraße 39
Veröffentlicht unter der Lizenznummer 1218
des Amtes für Literatur und Verlagswesen der Deutschen Demokratischen Republik
Satz und Druck von C. G. Röder, Leipzig III/18/2 - 40520
Bestell- und Verlagsnummer: 2001/54/I/5
Preis DM 10,50
Printed in Germany

Inhaltsverzeichnis

Joralemon

„The concentration of values in extremely thin beds, sometimes less than an inch thick, over hundred of square miles is too fantastic a phenomenon to admit of any single explanation. Rather than trying to force the occurrence into syngenetic or hydrothermal deposition, might it not be more constructive to say we just don't know?"

Einleitung

Eines der kompliziertesten Probleme der Erzlagerstättenkunde wie der Geochemie überhaupt, war fast seit der Entdeckung die Genesisdeutung der Goldvorkommen des Witwatersrands. Seit sehr früher Zeit stehen sich zwei Hauptschulen gegenüber: Die „Placerists" und die „Hydrothermals". Der Streit schien in großen Zügen entschieden durch die glänzenden Arbeiten von MELLOR (15) und YOUNG (30), die eine modifizierte Seifentheorie (KRUSCH nennt sie „Seifenumlagerungs-Hypothese") sehr glaubhaft machten. Ihre Meinung wurde von vielen und in vielem etwas abgewandelt. immerhin galt 1929 uneingeschränkt der Satz von P. A. WAGNER (29) "so convincing that is not likely that they will ever be seriously challenged". In gewissem Sinn traf dieser wenigstens nach Ansicht aller südafrikanischen Geologen auch noch bis 1953 zu, obwohl GRATON (9) bereits 1930 mit einer Unzahl von Argumenten, die allerdings wohl ausnahmslos nicht neu, aber mit großer Eloquenz vorgetragen und von der in Amerika recht bedeutenden Autorität dieses Autors gestützt waren, wieder für hydrothermale Deutung eintrat. Man mag über die Arbeit denken, wie man will, sie hat jedenfalls den Erfolg gehabt, daß erneut diskutiert und vor allem auch neue Tatsachen als Stützen in dieser Diskussion herangebracht wurden. Einige besondere Marksteine wären da zu registrieren: Die Arbeit von ROBERTS und KRANDORFF (20), die die bestehende und eine Deltabildung schön stützende Deutung der Parallelorientierung der länglichen Gerölle von REINICKE (19) als unhaltbar nachwies und eine neue, recht plausible Erklärung brachte, diejenige von SHARPE (21), der den geologischen Rhythmus der Sedimentation diskutierte und zu deuten suchte, und als neueste die Arbeiten von SIMPSON (22, 23, 24) über die radioaktive „Auslotung" der Bohrlöcher nach der Erkenntnis, daß die Radioaktivität eines Horizontes oft ein viel sichereres Leitmerkmal ist als der vielfach sehr stark wechselnde petrographische oder fazielle Charakter. Auch die Arbeiten von SWIEGERS (25, 26) und FRANKEL (8) seien zu nennen; diese werden im folgenden ausführlicher behandelt werden.

Ganz neue Überlegungen werden nun nötig durch die Feststellung sehr hoher und mit dem Gold in gewissem Grade parallellaufender Urangehalte, über die nach langer Sekretierung erstmalig im März 1953 DAVIDSON (4) zusammenfassend und ausgezeichnet Mitteilung machen durfte. Der Verfasser rückt in ihr ganz weit von den „Placeristen" ab und verficht eine hydrothermale Deutung. Seine Argumente erscheinen auf den ersten Blick absolut überzeugend, so daß sie — wenigstens außerhalb von Südafrika — als entscheidendes knock-out der Placeristen angesehen werden — vielleicht mehr als der Autor es selbst erwartete, der immerhin seine eigene, ihm trotz beabsichtigter Zurückhaltung doch entschlüpfende Hypothese recht vorsichtig darstellt. Das ist daraus zu ersehen, daß er die am Kopf meiner Arbeit stehenden Sätze von JORALEMON (12) ausdrücklich als den augenblicklichen Stand der Dinge kennzeichnend anführt. Um die Gedankengänge seiner Arbeit zu entkräften oder auch weiter zu unterbauen, wird es nötig sein, einmal die Thesen, die auch andere Deutungen zulassen, zu kennzeichnen, Widersprüche oder Fehlschlüsse zu erkennen, und Unwahrscheinlichkeiten mit denen anderer Deutung abzuwägen — vor allem aber immer und immer wieder neue Tatsachen zu bringen. Im folgenden wird der Verfasser auf seinem eigensten Gebiet, der erzmikroskopischen Arbeit, versuchen, zu dieser letzten Aufgabe einen kleinen Beitrag zu leisten. Er ist zu dem Problem geführt worden zum Teil durch einen Zufall, der ihm umfangreicheres Material aus verschiedenen Zeiten des Abbaus in die Hand spielte, an dem aber jedenfalls sofort sichtbar war, daß man bei sorgfältiger Arbeit und hervorragenden Präparaten noch mancherlei würde herausholen können.

Es muß bemerkt werden, daß der Verfasser zunächst einmal selbstverständlich nicht die vielen geheimgehaltenen Dinge kennen kann, die es bei der modernen Untersuchung des Witwatersrandes wie jeder anderen Uran führenden Lagerstätte gibt, daß er durch die Zeitverhältnisse bedingt aus den unübersehbaren Bergen der Literatur über die Witwatersrandprobleme nur einen kleinen Teil (im wesentlichen gekennzeichnet durch das Literaturverzeichnis!) einsehen konnte, und daß die Zahl der untersuchten Proben sich auf wenige Schiebladen von Handstücken und etwa 140 Anschliffe beschränkte. Seine Kenntnis der Gruben selbst ist fast gleich Null und beschränkt sich auf zwei 25 Jahre zurückliegende Befahrungen beim internationalen Geologenkongreß. Hierdurch bedingte Mängel bitte ich zu entschuldigen.

Der Verfasser weiß, daß jeder Versuch, eine befriedigende Deutung aller der durch eine sicher äußerst komplizierte Geschichte beeinflußten Einzelheiten geben zu wollen, heute (und vielleicht immer!) hoffnungslos ist. Er möchte sich also so vorsichtig ausdrücken wie möglich und durch die Satzform (z. B. „ist" bzw. „könnte") auseinanderhalten, was beobachtete Realität bzw. mögliche (wenn auch unter Umständen *sehr* wahrscheinliche) Deutung ist. Trotz allem muß er in seiner inneren Überzeugung einer Seifenhypothese, modifiziert durch die „pseudohydrothermalen" Effekte der enormen Sedimentüberdeckung und der mehrfachen Aufwärmung durch magmatische Tätigkeit zuneigen.

Die beiden herrschenden „Schulen", sowohl die „Placerists" wie die „Hydrothermals" und ebenso natürlich die zur Zeit etwas unmodernen „Präcipitationisten" benötigen für ihre Deutungen zur Zeit noch manchen „*deus ex machina*". Es mag sein, daß auch einige der im folgenden mitgeteilten Tatsachen noch weitere davon zu Hilfe holen müssen. Ich habe den Eindruck, daß meine Arbeit die Schwierigkeiten der Deutung im einzelnen jedenfalls noch erhöhen wird.

Jeder Bearbeiter der Witwatersranderze wird gewisse Erscheinungen (oder auch ihr Fehlen) für besonders wichtig halten und anderen nur untergeordnete Bedeutung zuerkennen. Es ist auch klar, daß manchmal eine zunächst sehr belanglos aussehende und zudem seltene Kleinigkeit zum wichtigen Kriterium werden und früher als besonders entscheidend angesehene Gründe ohne weiteres entkräften kann. So soll und kann dabei nicht auf alle Angaben und Behauptungen des Schrifttums eingegangen werden. Nichterwähnung bedeutet also weder Anerkennung noch umgekehrt Ablehnung, am allerwenigsten blasiertes Übergehenwollen.

Was die *Zuverlässigkeit* meiner Beobachtungen betrifft, so darf ich erstens bemerken, daß ich kein ‚heuriger Hase' bin, also triviale Fehler an sich ebensowenig zu erwarten sind, wie ein Übersehen wichtigerer Dinge. Zweitens, daß ich über ein recht großes Vergleichsmaterial sowohl an Einzelmineralien wie Paragenesen verfüge. Trotzdem bleibt jedes Arbeitsmaterial lückenhaft, ist kein Beobachter unfehlbar und schließlich spielt der Zufall oft böse Streiche. Es ist vorgekommen, daß drei in kurzen Abständen hergestellte Schliffe verschiedener Gruben mehrfach dieselbe Einzelheit zeigten, die demnach als „häufig" angesehen wurde, dann aber 25 weitere auch keine Spur davon erkennen ließen. Der allererste Schliff, in dem der Verfasser (bereits 1927!) Uranpecherz fand (Abb. 63, 64), zeigt dieses stets in einer Umkrustung durch Pyrit, in der es dann in allen, sehr zahlreichen, weiteren Proben nicht ein einziges Mal wieder beobachtet wurde!

Insgesamt wurden *Anschliffe* von etwa 110 Proben untersucht, manche in Serien von 4 bis 5 Schliffen. Die Handstücke stammten aus den Sammlungen von Clausthal, Aachen, Berlin und Heidelberg von Material, das zu sehr verschiedenen Zeiten (von 1890 bis 1953) und unter verschiedensten Gesichtspunkten zusammengetragen war. Besonders den Spendern der Proben aus den erst neuerdings aufgeschlossenen Gruben und Grubenteilen bin ich zu besonderem Dank verpflichtet.

*Dünnschliff*untersuchungen wurden nicht vorgenommen. Die klassische Arbeit von YOUNG (30) ist in dieser Hinsicht zwar nicht erschöpfend, erfaßt aber durchaus das Wesentliche. Bei der Eintönigkeit des Bestandes an häufigeren durchsichtigen Komponenten gestattet übrigens auch der Anschliff meist eine Erkennung.

Die Arbeit durchzuführen war nur möglich bei der Vielzahl der die bisher übliche Größe oft weit überschreitenden, hervorragenden Präparate. Von ihrer Güte geben ja die Abbildungen dem Kundigen wohl hinreichend Aufschluß. Es ist mir eine erfreuliche Pflicht, in diesem Zusammenhang meinem alten Schüler und Freund, Herrn GERHARD REHWALD, der in nimmermüder Arbeitskraft und Großzügigkeit, basierend auf den Vorarbeiten von GRATON & VANDERWILT eine so leistungsfähige Poliermaschine[1]) entwickelte, von Herzen zu danken. Dank gebührt auch der unverdrossenen Arbeit meiner Assistenten Dr. Erich Seeliger und Dr. G. Frenzel sowie meines Präparators H. Lämmler.

Der Verfasser besitzt ein Exemplar dieser Arbeit, in der die Nummern der Belegschliffe für jede Photographie und für jede ungewöhnliche Angabe vermerkt sind. Er ist also in der Lage, jederzeit auf Rückfragen zu antworten oder – was besser ist und ihn sehr freuen würde – jedem Zweifler sein Material vorzuführen und ihn (hoffentlich!) zu überzeugen.

Es lagen zunächst an Proben vor vom:

Central- und Ost-Rand (abgekürzt C. R. bzw. *E. R.*)

Main Reef und Main Reef Leader (meist Crown, Meyer & Charlton, City & Suburban Minen) 14
andere Reefs 3
unbekannt (aber wohl Main Reef) 2

Far East Rand (F. E. R.)

Main Reef und Main Reef Leader 24
(Gruben Geduld, Sub Nigel, Modderfontein, Govt. Areas zusammen 11, der Rest von mir unbekannten Gruben)
Kimberley (May) Reef 14
(sämtlich von mir unbekannten Gruben)
Black Reef
Basal Conglomerate 17
Buckshot Pyrite Leader 3
(unbekannte Gruben)

Oranje Freistaat (O. F. S.)

Basal Reef 8
Leader Reef 4
„B“-Reef 1
(alles unbekannte Gruben)

Dazu kamen in letzter Zeit noch etwa 20 weitere, meist Basal Reef, O. F. S.

[1]) Näheres darüber im Handbuch von H. FREUND, Das Mikroskop in der Technik, Bd. I, Teil 2 und in Erläuterungen der Herstellerfirma H. DEPERIEUX, Düren.

Vom West Rand (*W. R.*), Far West Rand (*F. W. R.*) und Klerksdorp-Stilfontein-Gebiet, schließlich den Vorkommen in der Nähe des Vredefort-Granitdoms war mir kein Material zugänglich, wohl aber 3 Proben enorm reicher Oxydationserze des Central-Randes aus der ersten Zeit des Abbaues.

Einführung in die geologischen Verhältnisse

Um den mit der neueren Literatur nicht vertrauten Leser ganz kurz und nur oberflächlich einzuführen, seien einige geologische und bergwirtschaftliche Angaben gebracht. Den mit der Materie vertrauten, besonders selbstredend den südafrikanischen Kollegen mögen die Angaben trivial, zum Teil sogar manchmal inkorrekt verallgemeinernd erscheinen. Die Hauptsache scheint mir mehr zu sein, das Problem herauszustellen, als sich in Einzelheiten zu verlieren.

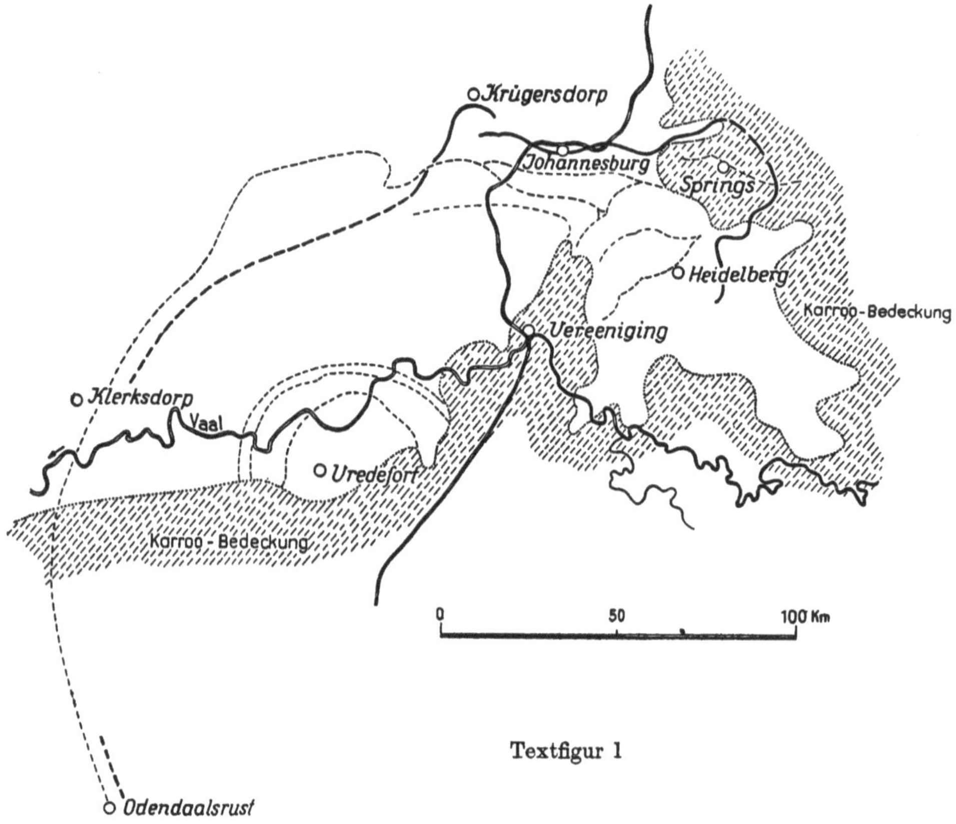

Textfigur 1

Der seit 1886 bekannte Witwatersrand ist seit über 60 Jahren der weitaus größte Goldproduzent der Erde. Er hat etwa 17000 t, d. h. mehr als ein Viertel des gesamten je auf der Erde gewonnenen Goldes geliefert und bringt seit langem mit einer ziemlich gleichbleibenden Produktion von 350 t die Südafrikanische Union weitaus an die Spitze der Goldländer.

Das Jahrzehnte hindurch führende Gebiet der Umgebung von Johannesburg, der alte Rand mit seinen Teilen Westrand (W. R.), Centralrand (C. R.), Ostrand (E. R.) und durch eine kleine Lücke getrennt Fernostrand (F. E. R.) bearbeitete weit überwiegend zwei Konglomerathorizonte, *Main Reef* und *Main Reef Leader*, die im E.R. und F.E.R. zu einem Reef sich vereinigen. Die Erschöpfung der Vorräte, bzw. die Erreichung für den Bergbau wirtschaftlich und technisch nicht mehr tragbarer Teufen (im C. R. 1953 fast genau 3000 m) hat eine lebhafte Prospektionstätigkeit angeregt, die zunächst einmal versuchte, den Verlauf der klassischen Reefs auch außerhalb der über Tage erkennbaren Erstreckung festzustellen, dann aber auch reichere Partien anderer Reefs aufzusuchen und möglicherweise neue bisher überhaupt unbekannte Vorkommen in anderen Horizonten zu finden.

Alle drei Aufgaben wurden mit hervorragendem methodischem Geschick zum Erfolg geführt. Zuerst wurde im F. E. R. bereits um die Jahrhundertwende die weitere Erstreckung nach Süden und Südosten unter der Karroobedeckung erbohrt, wo jetzt in der Gegend südlich von Springs einige Gruben (z. B. Geduld, Daggafontein, Sub Nigel) mit glänzendem Erfolg arbeiten. Weiter wurden auf Grund der geophysikalischen Überlegungen und Untersuchungen von Krahmann (zusammen mit L. Reinicke) viele Bohrungen in der südwestlichen Fortsetzung der Umbiegung des W. R. angesetzt, die nach Durchteufung der Dolomite des Transvaalsystems das Main Reef in bergmännisch günstiger Teufenlage erreichten und ebenfalls eine größere Zahl neuer Gruben entstehen ließen. Zuletzt wurden unter mächtiger Karroodecke durch Bohrungen im Oranje-Freistaat, besonders im Gebiet von Odendaalsrus(t) goldführende Horizonte angefahren, deren Parallelisierung mit den Schichten

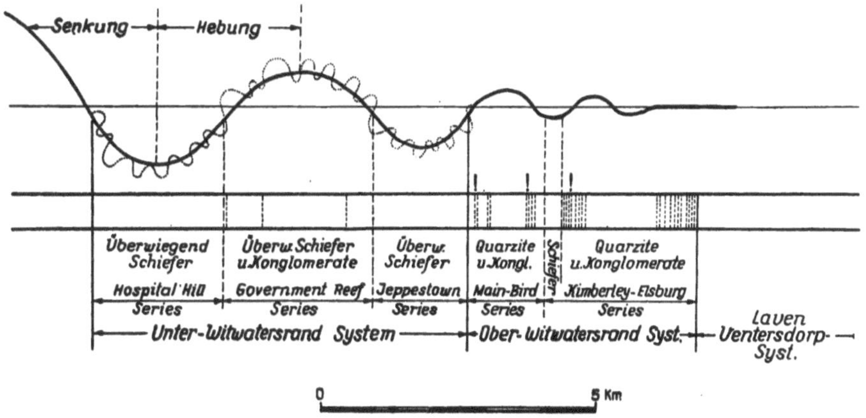

Textfigur 2

des klassischen Witwatersrandes noch nicht sicher gelungen ist, die aber jedenfalls etwas jünger als das Main Reef sind, auch durch Absätzigkeit von Mineralbestand (und Goldgehalt!) und Mächtigkeit sich von ihm unterscheiden, stellenweise aber enorm reiche Erze liefern.

Die genauere Durchforschung längst bekannter, aber etwas vernachlässigter Konglomerathorizonte zeigte, daß manche mächtige, aber durchschnittlich unwirtschaftliche arme „Reefs" sehr wohl lokal bauwürdige, ja sehr reiche Partien enthalten (z. B. Teile des Black Reefs), und daß andererseits wenig mächtige, aber weithin gleichmäßige Bänke Gehalte besitzen, die trotz der zwangsläufig mitzugewinnenden tauben Partien darüber oder darunter noch gut bauwürdig sind. Das trifft z. B. für das Kimberley (May) Reef im F. E. R., besonders aber für den „Carbon leader", einen oft nur daumenstarken, ja nur bleistiftdicken Horizont zu, der heute z. B. eine der erfolgreichsten Gruben überhaupt, Blyvooruitzicht (Bly.), im wesentlichen alimentiert.

Die Geologische Schichtenfolge ist in allen Lehrbüchern der Lagerstättenkunde behandelt: Das sehr alte, präkambrische oder nach neueren Untersuchungen (s. unten) eher spätarchäische Witwatersrandsystem liegt transgredierend auf dem Swazilandsystem auf. Es ist durch seine enormen Mächtigkeiten, 12000 m, ohne die weitere 2000 bis 6000 m ausmachenden Ventersdorp-Laven, jedem Geologen bekannt und gleichzeitig rätselhaft[1]). In neuen Untersuchungen von Sharpe (21) wurde besonders der eigentümliche Rhythmus mehr feinkörniger und dunklerer Pakete mit solchen hellerer, mehr sandiger bis konglomeratischer

[1]) Krusch und mit ihm Schriel versuchten die Mächtigkeiten als durch tektonische Aufschuppung vorgetäuscht zu erklären. – Ihre Ansicht erwies sich als irrig.

Gesteine untersucht. SHARPE (21) stellt ihn schematisch in einem hier umgezeichneten Schaubild (s. S. 9) dar, das etwa proportional die Mächtigkeiten angibt.

Die Wellenberge der Oszillation bedeuten Perioden der Transgression, verstärkter Abtragung und grobkörniger Sedimentation, die Täler solche ruhiger Absenkung mit vorwiegend feinen Sedimenten. Im Einzelnen sind die Verhältnisse viel komplizierter; auch in den Zeiten der Täler kommen gelegentlich Konglomerate vor und umgekehrt.

Die besonders an den ⁞ signierten Stellen vorkommenden Konglomerathorizonte kennzeichnen teilweise Transgressionen von unerwartet großer Ausdehnung, teilweise auch von mehr lokaler Bedeutung. Der in Gebieten grober Sedimentation ja zu erwartende Wechsel der Mächtigkeit und fazieller Entwicklung erschwert besonders im letzteren Fall die Parallelisierung sehr. Sie kann in neuester Zeit durch die interessante auf Vergleich charakteristischer Kleinrhythmen stärkerer oder schwächerer Radioaktivität beruhende Methode des radioaktiven Auslotens von Bohrlöchern (radioactivity logging) nach SIMPSON (22 bis 24) wesentlich erleichtert werden. Die das Witwatersrandsystem überlagernden Schichten, Ventersdorp-Laven, Transvaal-System, Karroo-System sind für die folgenden Überlegungen hauptsächlich insofern von Interesse, als auch sie stellenweise enorme Mächtigkeiten erreichen bzw. im Verlauf der geologischen Geschichte erreicht haben müssen, auch wenn sie jetzt weitgehend abgetragen sind. Wichtig sind ebenso die ihnen zeitlich zuzuordnenden Intrusiv- und Extrusivgänge, -Schlote und -Decken, weil sie ebenso wie die enormen Mächtigkeiten der Überdeckung eine ganz erhebliche Wiederaufwärmung der Witwatersrandschichten bedingt haben, die lokal bis zur völligen Aufschmelzung dazu geeigneter (tonig-schieferiger) Gesteine unter Bildung von „Pseudogranophyren" führen kann, *über das ganze Gebiet hin aber für lange Zeiten und zu mehreren Malen pseudohydrothermale Bedingungen schufen* (18) und ebenso Silikatmineralien entstehen ließen, die als charakteristisch für die Metamorphose bereits der Mesozone anzusehen sind, besonders den Chloritoid. Wir werden in den folgenden Ausführungen sehen, daß gerade dieser in seiner Beschränkung auf im allgemeinen tiefere Horizonte (z. B. Main Reef-Serie), bei Fehlen in höheren, in denen aber sehr wohl die chemischen Möglichkeiten seiner Bildung vorhanden wären, einen Hinweis auf die herrschenden Temperaturen geben kann. – Die früher zeitweise stark propagierte Ansicht, daß die Intrusivdikes als unmittelbare Erzbringer einer hydrothermalen Vererzung anzusehen seien, ist – jedenfalls im überwiegenden Hauptteil – abzulehnen und wird auch von den „Hydrothermals" (s. unten) heute nicht mehr vertreten.

Goldführung und sonstiger Mineralbestand

(nach dem bisherigen Stand)

Über die Witwatersranderze ist, wie auch von DAVIDSON & BOWIE (3) betont wird, bisher in keinem auch nur entfernt der Bedeutung der Lagerstätten entsprechendem Ausmaß erzmikroskopisch gearbeitet worden. Zum großen Teil mag das in der früher so entmutigenden Schwierigkeit der Herstellung guter Präparate gelegen haben. Ein Großteil der Mineralbestimmungen wurde nur an technischen Konzentraten durchgeführt oder an Produkten, die z. B. durch Weglösen des Quarz- oder Silikatanteils mit Flußsäure gewonnen waren. So sind schon manche Diagnosen nicht einwandfrei, vor allem aber bestehen über die Verwachsungsbeziehungen viele Unklarheiten.

Gold ist ganz überwiegend beschränkt auf die reinen Konglomerate aus groben Quarzgeröllen mit zurücktretendem und schon primär an Tonsubstanz und feinstem Quarzsand sehr armem, jetzt völlig verkieseltem Bindemittel. Eine Ausnahme macht, wenigstens soweit es sich um bauwürdige Anreicherungen handelt, nur das erwähnte Carbon Leader, das aber vielleicht nur der tiefsten Partie eines wieder entfernten Konglomerats entspricht. In den Konglomeraten ist das Gold über die ganze Mächtigkeit verteilt, doch besteht vielfach eine sehr auffallende Bevorzugung der Partien unmittelbar am Liegenden, wie viele Bilder (Abb. 106, 9, 66) im folgenden zeigen. Fälle scheinbarer Abweichungen sind nicht selten, doch wohl immer auf „falsche Liegende" zu beziehen, d. h. die Bedingungen unmittelbar über dem Liegenden wiederholende Unstetigkeiten innerhalb des Konglomerats (für einen derartigen Fall auf allerkürzeste Erstreckung vgl. Abb. 8).

Sehr ausgesprochen wird die Bindung höchster Goldkonzentrationen ans Liegende dort, wo neben Gold auch Platinoide und Uranpecherz[1]) angereichert sind (viele Abb., z. B. 66, 95, 88).

Die besonders im Far East Rand auffallende Erscheinung des Auftretens von streifenartigen Anreicherungen der Gehalte innerhalb der Ebene des Bankets neben ebensolchen Partien, die sehr arm sind, wurde von REINICKE und vielen anderen so gedeutet, daß diese „pay streaks" Stellen besonders starker Strömung in Flußläufen eines Deltas gewesen seinen, da die langen Geröllachsen parallel diesen Streifen liegen. ROBERTS & KRANDORFF (20) zeigen auf Grund hydrodynamischer Versuche überzeugend, daß in Flußläufen die Achsen länglicher Gerölle sich senkrecht zur Flußrichtung stellen, die gefundene Anordnung aber als Produkt einer Brandung zu deuten ist. Alle irgendwie gearteten Erklärungen der Konglomerate müssen diesen klaren Befund berücksichtigen.

Der **sonstige Mineralbestand** ist schon nach den bisherigen Arbeiten sehr komplex und ist trotzdem noch längst nicht erschöpfend erfaßt. Nach traditioneller Einteilung unterscheiden wir die Gemengteile in *allothigene*, also solche, die von anderswo in Form von Geröllen, Sand oder auch feiner Trübe in die Konglomeraten kamen und *authigene*, die erst in den Geröllen selbst wuchsen. Bei der größten Gegensätzlichkeit in den Anschauungen über die Natur der Vererzung sind die Vertreter der feindlichen Lager in der Zuordnung der Mineralien zu diesen beiden Gruppen ziemlich einig. Ich gebe also zunächst die üblichen Ansichten, werde aber durch *, bzw. **. schon andeuten, wo diese nur mit teilweiser oder gar starker Einschränkung haltbar sind.

Allothigen sind zweifellos die typischen Gerölle des *Quarzes*, ebenso die von Lydit, seltener auch mancherlei anderer Gesteinen. Anerkannt detritogen sind weiter allgemein *Chromit, Zirkon, Iridosmium, Diamant, Platin*. Als auffallend ist immer das Fehlen der oxydischen Eisenerze, Magnetit, Ilmenit, Eisenglanz registriert worden, die ja in allen Konglomeraten vorhanden sind und besonders den „*black sand*" aller rezenter Goldseifen bilden. Ebenfalls bemerkenswert ist auch das Fehlen von Granat*, Disthen, Korund und vielen anderen, sonst häufigen Schwermineralien.

Authigen sind der *Quarz* des Bindemittels, *Sericit, Chloritoid* (beide offenbar unter den gegebenen Bedingungen aus Granat, Disthen usw. entstanden!), *Rutil**, *Turmalin**, *Gold**, *Pyrit***, *Magnetkies, Arsenkies** (meist korrekter Danait), Skutterudit, Kupferkies, Linneit, Zinkblende, Pentlandit, Rotnickelkies.

Eine eigentümliche Rolle fällt den in ihrer Wichtigkeit erst neuerdings erkannten allverbreiteten Komponenten, „*Kohliger Substanz*" und *Uranpecherz* zu.

Die aus dem Gesagten sich ergebenden Schwierigkeiten der Deutung

Am nächsten liegt sicher die Deutung der Lagerstätte als *fossile Goldseife*. Dieser ältesten Deutung wurde bald widersprochen vor allem aus folgenden triftigen Gründen: 1. Fehlen des black sand, 2. Enorme Menge des Pyrits, 3. Fehlen von Nuggets, 4. Gleichbleibender

[1]) Der Gebrauch des deutschen Wortes *Uranpecherz* ist wohlüberlegt. Ihm fehlt der formale wie genetische Unterton, der oft den „internationalen" Namen Pitchblende (für kolloidal ausgeschiedene und relativ tieftemperierte) und Uraninit (für kristallisierte und hochtemperierte Vorkommen) beigelegt wird.

und vergleichsweise für Seifengold hoher Anteil an Silber, 5. Vorkommen von Kupferkies, Zinkblende, Bleiglanz, Magnetkies usw. *Für* Seifenbildung wurden demgegenüber wieder angeführt: Strenge Bindung der Au-Gehalte an die Konglomerate, zum Teil bevorzugt an das tiefste Liegende in ihnen, Undenkbarkeit der hydrothermalen Infiltration in so horizontbeständiger Weise auf weitere Strecken und in so gleichbleibender Form in vielen Konglomeraten, Fehlen von Zufuhrkanälen, Vergesellschaftung des Goldes mit unbestreitbaren Seifenmineralien usw.

Die zeitweise viel vertretene *Hydrothermal*hypothese kann für sich buchen eine typische Sulfidparagenese meso- bis hypothermaler Kennzeichen, Vorkommen in einem für Lösungen zweifellos besonders gut durchlässigen Gestein u. a. m., kann aber Fehlen von Zufuhrkanälen und von „primären Teufenunterschieden", die bei so langen Transportwegen zu erwarten wären, nicht wegdiskutieren.

Kurzum: Es besteht heute die Schule der Seifenanhänger, *Placeristen*, und die der *Hydrothermalen*. Eine dritte Schule, die der *Präzipitationisten*, die Ausfällungen in Lagunen unter Anwesenheit von biogenen reduzierenden Bedingungen (z. B. Torf) annahm, ist nie recht zum Zuge gekommen. Daß sie in mancher Hinsicht Gedanken enthielt, die heute, wo man weiß, daß der Beginn primitiven pflanzlichen Lebens erheblich früher anzusetzen ist, als man noch vor wenigen Jahren ahnte, wieder durchaus diskutabel erscheinen, sei vorgreifend bemerkt.

Eine erhebliche Schwierigkeit für die „Placeristen" ist die Erklärung der für ihre Theorie selbstverständlich notwendigen enormen Zufuhr von Gold und einigen anderen Mineralien aus Primärlagerstätten. Die vermutlichen Transportwege der Gerölle sind darauf mit viel Scharfsinn untersucht worden. Die Ergebnisse sind im Grunde nicht besonders überzeugend oder gesichert, können es auch nicht sein, weil bei Konglomeraten irgendwelcher Art durch Strömungsverlegungen sehr oft auf kürzeste Erstreckung verschiedene Herkunftrichtung vorgetäuscht wird. Im allgemeinen scheint bei den älteren Konglomeraten eine Zufuhr aus Nordwest, bei den jüngeren eher aus Nord und Nordost wahrscheinlich zu sein. – Die Primärlagerstätten sind *de facto* nicht bekannt, wenn auch z. B. im Nordwesten und Westen noch heute Gebiete mit sehr zahlreichen uralten Goldquarzgängen zu finden sind und solche auch im Norden und Nordosten keineswegs fehlen. Ein einziger glücklicher Zufallsfund könnte da eine Klärung bringen.

Kurze Angaben über Strukturen im größeren Verband

Über die hauptsächlichen Erscheinungsformen im größeren Verband geben bereits ältere Arbeiten, besonders diejenige von R. B. YOUNG (30), gute Auskunft. Ihre Angaben sind überall in die Lagerstättenbücher aufgenommen worden. Immerhin konzentrieren sich diese Angaben stark auf das „klassische" Banket, Main Reef und Main Reef Leader. Über das früher stiefmütterlich behandelte Black Reef arbeitete SWIEGERS (25, 26). Da es zudem kaum eine Sammlung geben wird, die kein Vergleichsmaterial vom Witwatersrand enthält, kann ich mich hier kurz fassen.

Die charakteristischen Bilder der Anschliffe aus durchschnittlichen, also nicht etwa besonders dem Liegenden benachbarten Stücken sind aus Abb. 1, 2, 3 typisch zu ersehen. In manchen Fällen sind die Gerölle sehr stark zugerundet, ja fast kugelig, wohl häufiger sind sie ellipsoidisch, oft mit roher Parallelorientierung der Ellipsoidachsen, häufig aber auch noch ziemlich eckig, wenn auch allemal mit stark gerundeten Ecken. Gewöhnlich ist ein sehr deutlicher Unterschied zwischen groben Geröllen, etwa von der Größe einer Haselnuß aufwärts bis zu der eines Hühnereis, und feinen, meist sehr dichtgepackten Geröllen von Erbsengröße bis zu recht feinem Sand andererseits, vorhanden. Daneben ist ein Bindemittel vorhanden, in dem umgelagerter Quarz und Sericit den Hauptanteil haben. In einigen Reefs, wie unten gesagt wird, solchen, die unter höherer Belastungsmetamorphose standen, tritt massenhaft Chloritoid dazu und statt Sericit auf. Pyrit und alle anderen Erzkomponenten stecken im Bindemittel und sind ein Teil davon. Dadurch, daß in praktisch allen Fällen die großen wie die kleinen Gerölle stark *in situ* irgendwann später zerbrochen sind, und Sulfidumlagerungen in weitem Umfang vorkommen, können Verdrängungen vorgetäuscht werden. In kleinem Umfang kommen sie auch tatsächlich vor.

In einigen Reefs und Reefteilen, vielfach besonders in den liegensten Partien, finden sich große Anhäufungen von Pyrit, der im einzelnen sehr verschiedene Formen und Strukturen besitzt, unter denen runde, häufig etwa halbe Erbsengröße erreichende Körner („buckshot pyrite" = Rehpostenpyrit) besonders auffallend sind (Abb. 4). Sie sind unten ausführlicher behandelt. Es kann vorkommen, daß 10 cm dicke, fast allein aus solchen runden Pyriten bestehende Partien vorliegen (Black Reef).

Größere Anhäufungen auch anderer Schwergemengteile finden sich (neben Pyrit) bevorzugt in Liegendpartien (Abb. 5).

In vielen Reefs ist sichtbar, daß eine meist schwache tektonische Bewegung stattfand. Sie äußert sich in der oben genannten Zerbrechung der Quarze, manchmal darin, daß Harnische, Rutschflächen, manchmal auch fingerstarke Partien von umgelagertem Quarz sich zwischen dem starren Konglomerat und dem plastischeren Liegenden, zum Teil auch Hangenden finden. Auch im Konglomerat sind Streckungshöfe (die zum Teil im Schrifttum reichlich kuriose Erklärungen gefunden haben!) recht verbreitet. Sie sind mit stengelig oder blätterig entwickeltem Quarz oder dem sich stark herauspolierenden Sericit, manchmal vielleicht Chloritoid, erfüllt. Abb. 6, 7 zeigen überzeugende Beispiele.

In vielen Fällen sind an der unmittelbaren Liegendgrenze neben Anhäufungen von Pyritknollen und typischen Schwergemengteilen auch sehr auffallende Anreicherungen an Gold (Abb. 8, 9). Dieselbe Rolle wie das „wahre Liegende", die tatsächliche Untergrenze des Konglomerats, können *„falsche Liegende"*, Partien, die innerhalb des Konglomerats aus irgendeinem Grund die stauende Rolle des Liegenden übernehmen, spielen. Sie sind analog wohlbekannten Erscheinungen in rezenten Seifen. Ein derartiges Beispiel auf geringste Entfernung zeigt Abb. 8.

Einzelbesprechung der Komponenten

Die Einzelkomponenten sollen jetzt nach Eigenschaften, Strukturen, Verbreitung in den einzelnen Reefs usw. ausführlicher behandelt werden. Es werden sich Hinweise auf Möglichkeiten und Unmöglichkeiten der Bildung oft von selbst ergeben und damit viele neue Fragestellungen. Die durchsichtigen Mineralien kommen hier nur ganz nebenbei zur Behandlung, insofern nämlich, als sie im Auflicht sicher anzusprechen sind und zudem über die Arbeit von Young hinaus neue Erkenntnisse versprechen. Das war nur selten der Fall, wenn auch bei diesem manche Angaben zu summarisch gemacht werden, bzw. wenigstens als zu stark als „allgemeingültig" ins Schrifttum eingegangen sind, so z. B. über das „allgemeine Fehlen" von Granat, die Verbreitung von Chloritoid, die etwa koordinierte Behandlung von Anatas und Rutil, was den tatsächlichen Verhältnissen absolut nicht entspricht, usw.

Die bisher angenommene Gruppierung in allothigene und authigene Gemengteile ist, wie schon oben (S. 11) gesagt, nicht mehr haltbar, seitdem die polygene Bildungsmöglichkeit gerade der häufigsten Erzkomponenten gesichert ist. Trotzdem folgen wir aus Bequemlichkeit roh den alten Gruppen, da wir sonst mehrere Mineralien auseinanderreißen und viel Rückverweise machen müßten.

Pyrit, Allgemeines

Pyrit wird von den „Hydrothermalen“ selbstverständlich als gegenüber der Konglomeratbildung epigenetisch angesehen, die „Placeristen“ konzedieren gerade bei ihm sehr weitgehend eine ebenfalls epigenetische Bildung aus dem Eisen des „black sands“ mit zugeführtem Schwefel. Sehr alte Hinweise auf Pyritgerölle im Randkonglomerat werden – soweit ich das moderne Schrifttum darüber kenne – heute (sehr zu unrecht!) als völlig undiskutabel abgelehnt.

In Wahrheit macht gerade der Pyrit in seiner unerhörten *Vielgestaltigkeit* einer Beschreibung und erst recht einer befriedigenden Deutung die allergrößten Schwierigkeiten. Es gibt sichere, als Pyrit abgerollte Gerölle (in Massen!), es gibt Gerölle von Magnetit, Ilmenit, Brauneisen, Eisenglanz, Itabirit und vielen anderen Medien, die nachträglich hydrothermal (oder pseudohydrothermal) pyritisiert sind, es gibt *in situ* gebildete kompakte und locker skelettförmige Kristalle; besonders in einigen Horizonten (Black Reef, Leader Reef des O. F. S., Basis des Kimberley Reefs) finden sich weiter in unerhörter Menge, in kleinerer aber immerhin fast überall auch anderswo, bei der Konglomeratbildung als Pyrit entstandene Konkretionen von mehreren, vorherrschend drei Typen, schließlich sind Sprungausfüllungen von kompakter oder lockerer Anordnung oder auch als Klufttapeten allgemein verbreitet. Von diesen sind die ihrem Wesen nach gegenüber den Konglomeraten epigenetischen Bildungen offenbar bei fast jeder Einzelform zu verschiedenen Zeiten entstanden, so daß eine „Altersfolge“ der Pyrittypen zueinander wie auch gegenüber den anderen authigenen Mineralien aufzustellen hoffnungslos ist, wenigstens eine solche, die allgemein gültig wäre. Die Folge: Abgerolltes altes Pyritkorn, Umwachsung mit kompaktem („klarem“) Pyrit als Außenkruste, weitere Umhüllung mit einem lockeren, manchmal unorientierten, meist aber orientierten Umhüllungspyrit, möglicherweise dann noch umgeben von gangförmigen Ausstrahlungen als feinste Klufttapete zwischen Quarzkörnern, ist tausendfach zu sehen. Sie besagt aber in bezug auf die jeweilige Bildungszeit nicht das Geringste und könnte an sich insgesamt eine Bildungsperiode von winziger Dauer ebenso wie von einer Milliarde Jahren repräsentieren.

In „typischen“ Fällen ist Zuordnung zu einer der oben angeführten Gruppen ohne weiteres möglich, in anderen, vielleicht den meisten Fällen sind, entweder sachlich oder rein formal bedingt, Formen entwickelt, die sich nicht klar unterbringen lassen, ohne daß sie aber neue weitere Gruppen repräsentieren. Das trifft z. B. für manche „buckshot“ (= Rehposten)[1]) – Pyrite zu, die Gerölle, pseudomorphisierte Gerölle anderer Mineralien, Konkretionen *in situ*, abgerollte Konkretionen früherer Bildungsperioden usw. darstellen könnten.

Die Erklärung der gerundeten Pyrite als „verdrängte“ Quarzgerölle ist fast 100prozentig Nonsens! Abgesehen davon, daß man dann irgendwo und zwar nicht selten Übergangsglieder zu erwarten hätte, abgesehen auch von der sehr großen chemischen Unwahrscheinlichkeit und anderen negativen Kriterien, ist festzustellen, daß die gerundeten Pyrite stets mit einer Größenklasse der Quarze zusammengehen, die erheblich gröber als die der Pyrite ist, bzw. daß Pyrite, wenn sie einmal selbst größer sind, augenfällig auf dem Liegenden (vielleicht auch einmal „falschen Liegenden“) angereichert sind. Das heißt, sie bestanden bereits bei der Konglomeratbildung aus spezifisch schwerer Substanz, zunächst gleichgültig, ob das abgerollter Pyrit selbst, ± während der Konglomeratbildung entstandene Pyritkonkretionen oder irgendein später durch Pyrit pseudomorphisiertes schweres Medium gewesen ist. Der Gesichtspunkt der gravitativen „Gleichfälligkeit“ mit anderen ausgesprochenen Schwermineralien (Chromit, Zirkon, Iridosmium, Uranpecherz und auch Gold – s. unten –) ist so augenscheinlich, daß er gar nicht zu übersehen ist, wenn man ohne vorgefaßte Ansicht be-

[1]) Man müßte den „Rehposten“ sinngemäß alle Zwischenglieder zwischen „Spatzendunst“, „Hasenschrot“ und „Schrapnellkugeln“ zufügen!

obachtet, auch bei jeder Konzession, die wegen der Verschleierung durch Neubildungen oder Weiterwachsen gemacht werden soll.

Bei der Beschreibung der Pyrittypen ist Vollständigkeit weder erstrebt noch erreichbar.

Geröllpyrite

Bei Einsicht des Schrifttums war ich erstaunt, so wenige und unklare Hinweise auf Pyrite zu finden, die einwandfreie Gerölle sind. Offenbar können plausible geologische Suggestionen, wie in diesem Fall, „daß Seifenbildungen ‚nie' Pyrit als Geröll in solchen Massen führen könnten", auch gute Beobachter völlig hypnotisieren. Dabei ist die Feststellung von Geröllpyriten bzw. deren Diagnose als solche vielfach ganz einfach. Ich beschränke mich auf wenige besonders augenfällige Beispiele aus Tausenden, bei denen die Situation ebenso klar ist. Am leichtesten erkennt man drei Kriterien: 1. Das Geröll, das natürlich im Konglomerat mechanisch beansprucht ist, war ein relativ grobes Einkristallkorn, das gut seine würfelige Spaltbarkeit erkennen läßt (Abb. 10, 11). Die Geröllform kann durch diese Spaltbarkeit bzw. die alte Kristallform noch merkbar beeinflußt sein. 2. Das ebenfalls aus einem Kristallindividuum bestehende Geröllkorn wächst im Konglomerat weiter in guter Kristallform. Das ist außerordentlich häufig bei sehr vielen der jetzt als authigene Kristalle erscheinenden Pyrite, sehr oft aber auch in guten Präparaten nur äußerst schwierig zu erkennen (Abb. 16, 17). „Spielen" an der Feineinstellung, ganz scharfe Einstellung auf Relief oder auch Anätzung lassen dann gerollte Kerne erkennen. Ganz einfach wird die Erkennung dann, wenn die Fortwachsungen protuberanzartig locker oder zonar (Abb. 12, 13, 14) stark porig sind. Eine Pseudomorphose nach einem gerollten Magnetit wird natürlich keinen einheitlich spaltenden oder zur kristallographischen Fortwachsung bereiten Pyrit liefern. Fortwachsende Pyritaggregate werden zwar durch Keimauslese nicht mit Fortwachsungen unendlich vieler Orientierungen umhüllt sein, aber doch mit vielen, wie etwa Abb. 15. 3. Aggregate als primäre Gerölle sicher zu erkennen ist im allgemeinen schwerer. Die Aufgabe wird einfach, wenn das Aggregat aus stark zonaren Körnern besteht, und die jetzigen Formen der Knolle diesen Zonenbau in zufälliger Oberfläche schneiden (Abb. 18, 19). Auch hier kann gelegentlich Ätzung einen nicht durch Porigkeit — wie in den Abbildungen — bedingten Zonenbau erkennbar machen und die Geröllnatur erweisen.

Außer diesen drei Kriterien können im Einzelfall natürlich noch viele andere gestatten, Gerölle als solche zu erkennen. Die vorliegenden scheinen mir die augenfälligsten zu sein!

Natürlich können alle Gerölle in wechselndem Umfang später von klarem oder auch poriglöcherigem Pyrit überkrustet werden. Es wäre auch möglich, daß ein Geröll aus einem älteren Konglomerat als ein Geröll zweiter Generation in einem jüngeren Konglomerat erschiene und sogar durch diese Kruste bzw. deren Teilabrollung als solches erkannt würde.

Pseudomorphosenpyrite

Nach verbreiteter Ansicht — die „modifizierten Placeristen" stellen ja wohl die größte „Schule" dar — sollen die gerundeten Pyritkörner auf den *black sand* einer Seife zurückgehen. Es werden zunächst also Fälle beschrieben, die diese Ansicht gut stützen. „Black sand" besteht aus wechselnden Mengen von entmischtem und (falls Vulkanite im Zuzugsgebiet reichlich sind) unentmischtem Titanomagnetit, aus Ti-freiem oder -armem Magnetit, z. B. aus Kontakthöfen, kristallinen Schiefern, Erzlagerstätten, und aus ihm in allen Stadien hervorgehendem „Martit", vereinzelter auch Maghemit, aus Ilmenit, entmischt und homogen, aus Eisenglanz, zum Teil mit hohem $FeTiO_3$-Anteil, aus Chromit und schließlich, nur lokal reichlicher, aus Erhitzungsmartit und aus Pseudobrookit, der aus Ilmenit durch Hochtemperaturröstung gebildet ist — alles Fe-Mineralien, bei denen durch starke Schwefelzufuhr

Pyritbildung denkbar wäre. Von ihnen ist aber einerseits Chromit ersichtlich wenigstens in unserem Falle unangreifbar, andererseits werden reiner Magnetit, Hämatit und Maghemit mit großer Wahrscheinlichkeit keine Reliktstrukturen bedingen. Tatsächlich sind auch keine eindeutig auf sie zurückführbare Formen beobachtet.

Bei *Ti-haltigen Magnetiten* ist das anders. Im Nebengestein unendlich vieler hydrothermaler Gänge ist der Fe-Gehalt der Titanomagnetite pyritisiert (auch in Magnetkies oder Kupferkies verwandelt), das Ilmenitskelett in Rutil verwandelt. Genau dasselbe beobachten wir in beliebig vielen Fällen am Witwatersrand in sämtlichen Konglomeraten und häufiger noch, im unmittelbar Liegenden, wo der Ab- und Umbau offenbar etwas schonender vor sich ging. Die Abb. 20, 21, 22, 23 sind wohl überzeugend. Sicher wären die Beispiele noch *viel* häufiger, wenn nicht die zarten Skelette durch Kornvergröberung und Umlagerung untypisch würden. Daß der Pyrit selbst dabei das Skelett umwächst, ist ebenfalls verbreitet, immerhin aber seltener; Abb. 24 zeigt es recht schön. Sehr selten sind Relikte sehr spinellreicher Magnetite ohne hohen Ti-Gehalt, die ja an sich einen sehr seltenen Typ darstellen. Abb. 25 zeigt eine solche Struktur; die Perlschnüre des Spinells bestehen jetzt zum Teil aus Poren, zum Teil ist der Spinell in ein nicht sicher bestimmbares Mineral umgewandelt.

Auch *Ilmenit* ist meist so zerstört, daß Fe-freie Rutilskelette übrig bleiben. Sie sind sehr zerbrechlich und in mangelhaften Schliffen leicht zu übersehen, in guten oft zahlreich. Falls der Pyrit direkt den Raum des Hämatitanteils einnimmt, können Abbildungen der zwei Entmischungsgenerationen von hervorragender Schönheit entstehen (Abb. 26 und zum Vergleich ein ähnliches Bild aus einer anderen Lagerstätte, Abb. 27, ebenso Abb. 28). Einige weitere Bilder ähnlicher Art sind in meinem Lehrbuch „Die Erzmineralien" enthalten.

Wahrscheinlich auf einen stark zonaren, vielleicht martitisierten Magnetit geht der Pyrit Abb. 29 zurück. Daß er nicht als zonar skelettförmig gewachsener Kristall wie Abb. 30 zu deuten sein kann, geht daraus hervor, daß er im Gegensatz zu diesem aus einem feinkörnig polygonalen, wirren Aggregat besteht.

Es ist bei einer Brandungsbildung mit groben Komponenten von vornherein ungerechtfertigt, nur nach „black sand" als Eisenträger zu suchen. Es gibt zahlreiche Brandungskonglomerate, die massenhaft *Brauneisengerölle* führen; einige solche Bildungen gehören zu den ganz großen Eisenerzlagerstätten (Groß-Ilsede, Salzgitter). Tatsächlich gibt es, bisher kaum beobachtet, Pyritknollen, die Limonitstrukturen konserviert haben, z. B. im Black Reef nicht selten (Abb. 31). Abb. 32 zeigt eine sehr eigentümliche, dem routinierten Erzmikroskopiker aber wohlbekannte Reliktstruktur eines über Markasit zu Brauneisen oxydierten Magnetkieses (vgl. auch eine Abb. bei SWIEGERS 27), Abb. 33 eine durch zwei sich überschneidende unabhängige Gelstrukturen etwas rätselhafte, alte Brauneisenstruktur.

Eine unzweifelhafte Oolithstruktur liegt in Abb. 34 vor. Auch bei ihr ist Herkunft aus einem Brauneisenoolith nach meiner Meinung die plausibelste Deutung. – Rätselhaft ist die etwas ähnliche Struktur der Abb. 35. Diese „Kleinoolithe" haben ganz Größe und Eigenschaften der sogenannten „vererzten Bakterien" aus Pyrit, könnten also an sich primäre Bildung sein, wenn das kompakte Pyritbindemittel nicht wäre, das mir bei solchen Bildungen ganz fremd ist. Ich halte das Ganze für eine Pseudomorphose eines in Brauneisen verwandelten Komplexerzes – natürlich mit aller Reserve.

Ehemalige *Itabirite*, Eisenglimmer-Schiefer, banded ironstones und ähnliche Gesteine sind sehr verbreitet unter den jetzigen Pyritknollen. Ihre Erkennung kann sehr einfach, aber auch äußerst mühselig sein. Oft ist die Wechsellagerung mit Quarz oder glimmerreichen Bändern bei völligem Ersatz des Hämatits oder Magnetits noch gut erkennbar, ja es können Porphyroblastenstrukturen abgebildet sein. Abb. 36, 37 und 38 zeigen charakteristische Beispiele. Auf „banded ironstones" oder ähnliche Gesteine gehen wohl die Objekte der Abb. 42, 43 zurück.

Weitere Fälle von pyritisierten Fremdstrukturen sind ebenfalls nicht selten. Ein *sehr häufig* wiederkehrendes Bild zeigt Abb. 39. Zeitweise war gedacht, daß es sich um pyritisierte vulkanische Aschen der Ventersdorp Zeit handele. Dem widerspricht aber entschieden der Umstand, daß genau dieselben Formen bereits in viel älteren Reefs vorkommen. Falls es nicht eine Bildung ist, die mit den konkretionären Pyritmassen des Typ 1, S. 18 lose verbunden ist, wäre an ein ehemaliges schwammig poröses und sandiges Brauneisenerz zu denken. Sicher so zu deuten scheint die lockere Knolle der Abb. 40 zu sein. – Abb. 41 von einem leider nicht in der Politur vollkommenen Präparat zeigt ein ehemaliges „Titanomagnetitspinellitdifferentiat", in dem der Spinell erhalten, Ilmenit in Rutil, Magnetit in Pyrit verwandelt ist. Bei starker Vergrößerung zeigen übrigens gerade hier die Pyrite vielfach Rutileinschlüsse als Relikte des ehemaligen Ilmenitnetzes im Magnetit.

Als letztes Beispiel einer solchen Reliktstruktur sei ein besonders komplizierter Fall gezeigt. Die Knolle in Abb. 44 zeigt prächtig entwickelte Turmalinkristalle mit etwas Quarz. Die Füllmasse besteht jetzt aus Pyrit und Kupferkies. Da man – nach der Vergesellschaftung – unbedingt annehmen muß, daß auch diese Knolle als Schwergemengteil ins Konglomerat kam, muß die pyritisierte Füllmasse aus einem Erzmineral, vielleicht wieder Brauneisen an der Stelle von Kupferkies[1]) eines Turmalinkupfererzganges, bestanden haben.

Wenn ich hier versucht habe, neben den völlig klaren Pseudomorphosenstrukturen auch eine Anzahl etwas schwerer deutbarer anzuführen, so geschah das vor allem, um zu sauberer gründlicher Beobachtung auch unscheinbarer Einzelheiten anzuregen. Meine Arbeit basiert auf immerhin noch spärlichem Material; eine Sonderbehandlung gerade der hier berührten Probleme verspricht viele Ergebnisse in genetischen Fragen verschiedenster Art.

Nur in einem einzigen Fall wurde einwandfrei die teilweise Verdrängung eines überwiegend quarzigen bzw. kieseligen Gerölls, eines lockeren und feinkörnigen Lydits beobachtet (Abb. 45). Diese Knolle liegt aber wohlverstanden ganz außerhalb der Pyritknollenlagen, ist auch erheblich größer als diese und war im Augenblick der Konglomeratbildung kein „Schwergemengteil", wie die jetzigen Pyritknollen sonst. Warum gerade diese Knolle und noch dazu so auffallend selektiv pyritisiert ist, hunderte ähnlicher Lydite nicht, ist rätselhaft.

Konkretionspyrite

Auf das Vorkommen von Pyritkonkretionen, die unzweifelhaft als Pyrit, nicht als „Verdrängungen" irgendwelcher anderer Massen entstanden sind, ist bisher kaum, wenn überhaupt, hingewiesen. Manche der Konkretionen zeigen Kennzeichen weiten und recht robusten Transports, wären also bei den Geröllen nochmals zu besprechen; sie sind dann oft an der jetzigen Stelle dünn mit Pyrit überkrustet worden – ebenso wie ja auch viele der „Pseudomorphosenpyrite". Andere können aber, wie aus ihrer guten Erhaltung trotz großer Zerbrechlichkeit hervorgeht, überhaupt nicht, oder nur auf geringste Erstreckung bewegt sein. Natürlich wird es in Konglomeraten immer Stellen geben, wo im Schutz großer Brocken sich auch empfindliche Strukturen und Mineralien erhalten können, und andererseits solche, wo auch sehr stabile Körner wie in einer Kugelmühle zerschlagen werden. Trotzdem ist schon in den Übersichtsbildern eine immer noch überraschende Vielgestaltigkeit der von Pyritkonkretionen beherrschten Reefteile sichtbar (Abb. 56, 57, 58, 59). Natürlich sind überall Pseudomorphosenpyrite und Geröllpyrite daneben vorhanden.

Wenn ich oben sagte, daß man *drei Typen von Konkretionen* unterscheiden könne, so soll das mehr als ein „organisatorischer" Versuch angesehen werden. Die Vielgestaltigkeit der Formen ist längst nicht erfaßt, es wird auch vielleicht in derselben Knolle Übergänge geben.

[1]) Würde in dieser Knolle noch Malachit neben Brauneisen enthalten gewesen sein, so würde das das sonst etwas überraschend frühzeitige Auftreten von Kupferkies in der Sekundär- (besser Tertiär-)paragenese zwanglos erklären.

1. Lockere Konkretionen

Vielleicht die überraschendste Erklärung fanden die stark porigen bis lockeren Knollen, die sehr oft schon stark abgerollt, manchmal aber auch ersichtlich nur gering bewegt, vielleicht den größten Anteil der buckshots darstellen. – Gehen wir aus von Abb. 46, die den Gegensatz der porigen zu den kompakten Pyriten gut zeigt. Schlechte Schliffe sind natürlich zur Erkennung der Unterschiede ganz ungeeignet. Von dieser immerhin noch recht dichten Form über Abb. 47, 48 führt eine geschlossene Reihe zu so lockeren Gebilden wie Abb. 50. Dabei ist es manchmal so, daß wie in Abb. 48 der Kern kompakter ist, manchmal daß keine Unterschiede feststellbar sind, und schließlich daß die Außenpartie besonders dichtgepackt ist. Selbstverständlich sind diese Formen in umgelagerten, abgerollten Körnern oft untypisch geworden, ebenso können in derselben Knolle Unterschiede bestehen. – Die Erklärung der Entstehung liegt in Abb. 50 bzw. 51, die einen stärker vergrößerten Ausschnitt erfaßt. Die Pyritbildung geht aus von Einzelkeimen, die zunächst in sehr zarten oktaedrischen Achsenkreuzen weiterwachsen, allmählich geschlossenere und damit untypischere Formen annehmen und schließlich ein geschlossenes, aber immer noch stark poriges Aggregat werden. Das Skelettwachstum dieser Art ist charakteristisch für eine Bildung aus einem zähen Medium (Glas, Schmelze, Metakolloid) und z. B. für Magnetitskelette aus Zentralheizungsschlacken oder „gestrickte" Bleiglanze aus ZnS-Gelen typisch. Von was wir hier ausgehen müssen, wissen wir nicht. Da die Bildung von einer spezifisch ziemlich schweren Substanz aus erfolgen muß – die Gebilde finden sich ja am Liegenden – könnte man an Klumpen von Eisensilikatgelen oder gemischten Kiesel-Brauneisengelen denken, die bei Schwefelzufuhr (als H_2S?) allmählich sich pyritisieren. Es muß aber hier wohlverstanden die Schwefelzufuhr schon etwa gleichzeitig mit der Konglomeratbildung erfolgt sein, also praktisch etwa im Sinne der „Präzipitationisten". Eine Zufluchtnahme zu der Feststellung, daß viele dieser Konkretionen bereits abgerollt an die jetzige Stelle kamen, hilft nicht weiter – sie verschiebt das Problem nur um einen geologischen Rhythmus nach rückwärts! Eine Deutung, wie sie eben gebracht wurde, wäre auch im Einklang mit der wechselnden Kompaktheit innen und außen.

Die lockeren Konkretionen sind in vielen Fällen bei der großen inneren Oberfläche zur Ausfällung späteren zirkulierenden Lösungen gegenüber besonders geeignet. So wurde z. B. in vielen Proben des Black Reefs beobachtet, daß feinverteiltes Gold und Kupferkies in ihnen zu finden sind (Abb. 49, 52). Größere Knollen zeigen oft ausgezeichnet, daß dieses Einwandern nur bis zu einer bestimmten Tiefe erfolgt, z. B. in einem besonders klaren Fall bis etwa 0,3 mm, und zwar für Kupferkies generell weiter als für Gold. Auch Millerit, Bleiglanz und ein unbestimmbares Edelmetallmineral (vgl. S. 34) wurden so aufgefunden. Besonders reichlich und schön führen Gold in dieser Form lockere Knollen einer neueingelaufenen Sendung aus dem Basal Reef, O. F. S.

Der manchmal sehr lockere Aufbau könnte der Anlaß sein, weshalb die Magnetkiesbildung (s. dort) so sehr verschieden stark, aber hier bevorzugt, den Pyrit erfaßt. Ein so loses Netz wird natürlich viel leichter reagieren als alle kompakte Massen.

2. Strahlig-kompakte Konkretionen

Der Ausschnitt der Abb. 53 zeigt Verhältnisse einer größeren Knolle, die innen eine recht mäßige Pyritisierung der eben beschriebenen Form führt, nach der Außenseite eine viel kompaktere und größere Vererzung führt. Das ist einer der nicht gerade häufigen Fälle, wo Übergänge von 1 und 2 klar erkennbar sind. Auch Abb. 52 enthält noch Anklänge davon (übrigens auch feine Golddurchstäubung). Im allgemeinen bietet aber dieser Typ mikroskopisch nur im Rauhschliff, zum Teil schon im Bruch oder auch geätzt charakteristische radialstrahlige

Formen, die übrigens besonders dann, wenn sie genau zentral geschnitten werden, bei der Politur extreme Schwierigkeiten machen. Abb. 54 zeigt einen ziemlich tangentialen Schnitt, der die Dicke und den Aufbau der einzelnen Strahlen im Querschnitt erkennen läßt.

Die Stengelachsen sind völlig kompakt und porenfrei, zwischen ihnen befindet sich aber eine schwach porige bis löcherige Zone, die der Anlaß des radialstengeligen Aussehens des Bruches durch die Knollen ist. Die Stengel können ganz gerade sein, was besonders bei den manchmal sehr genau kugeligen Formen zutrifft, oft sind sie gekrümmt, so daß palmettenförmige Schnittbilder entstehen (Anklänge in Abb. 55).

3. Schalige und septarienförmige Konkretionen

Sie sind in der Erscheinungsform sehr wechselnd und schwanken besonders auch in der Größe sehr erheblich, ohne allerdings unter ein bestimmtes Maß herunterzugehen. Die Formen im einzelnen zu beschreiben führt zu weit, die Abb. 56, 57, 58, zum Teil auch 59 und 4 geben eine Auswahl der gewöhnlichsten von ihnen. Es ist klar, daß einige von ihnen, wie gesagt, einen nennenswerten Transport nicht hätten überstehen können.

„Hydrothermale" Pyrite

Unter diesem Namen seien hier zusammengefaßt alle die Pyrite, die nicht bereits als Geröll in die Konglomerate gelangten, kurz vor oder während der Konglomeratbildung als Konkretionen entstanden sind, noch auch natürlich erst durch deszendente Vorgänge aus Magnetkies gebildet wurden. Dazu käme noch ein überwiegender Teil der schon besprochenen Pseudomorphosenpyrite. Unter den letzten sind aber, besonders bei den aus „Itabirit", Brauneisen, banded ironstone entstandenen Beispielen, Fälle, bei denen mit Umlagerung durch Aufarbeitung älterer Horizonte zu rechnen ist, die also an ihre *jetzige* Stelle schon eindeutig in pyritisiertem Zustand kamen — eine Schwierigkeit, die sich bei jedem Versuch, eine einfache Ordnung durchzuführen, bei allen Komponenten sinngemäß ergeben würde.

Es bleiben dann noch zu besprechen die authigenen kompakten Kristalle, die ihnen in jeder Hinsicht entsprechenden kompakten kristallinen Krusten um Gerölle (jeden Abrollungsstadiums), die lockeren, sicher ihnen gegenüber jüngeren und wohl auch tiefer temperierten, bis regelrecht skelettförmig entwickelten Kristalle, und schließlich die relativ jungen dünnen Massen, die feinste Sprünge auskleiden, oft weit in zerbrochene Quarze eindringen und gelegentlich auch einmal ganze Quarzgerölle tapetenartig teilweise umhüllen.

Die eben erwähnten Gruppen scheinen überraschenderweise in allen — zeitlich ja so sehr auseinanderliegenden Reefs — bis zum Black Reef, bei diesem allerdings mit einiger Einschränkung — in ganz ähnlicher Weise sich zu finden, was genetisch meines Erachtens bedeuten muß, daß nach der Bildung eines jeden Konglomerats jedesmal — d. h. Dutzende von Malen — praktisch dieselben Bedingungen abliefen, oder aber, daß diese „hydrothermalen" Pyrite allesamt in gleicher Weise und zu jeweils etwa den gleichen Zeiten entstanden sind, also später, als Black Reef. Beides sieht recht unwahrscheinlich aus, die zweite Möglichkeit scheint mir immerhin eher tragbar! Genau vor dieselbe Frage stellt uns das Vorkommen des umgelagerten Goldes, das zeitlich in der vorhin geschilderten Reihe anscheinend überwiegend (oder allein) an zwei Stellen einzuordnen ist — wieder überall in ähnlicher Weise — und das anderer umlagerter bzw. neugebildeter Mineralien (Skutterudit, Linneit, Magnetkies usw.). Zur weiteren Diskussion dieser Fragen vgl. Abschnitt „Gedanken über die Bildungsbedingungen".

Die idiomorphen Pyrite, fast immer erheblich kleiner als 1 mm, bilden besonders im Main Reef entschieden die Hauptmasse der Pyrite, jedenfalls wenn man vom alleruntersten Teil des Reefs absieht. Ätzung verrät oft starken und in benachbarten Körnern vergleichbaren

Zonenbau als Zeichen, das sicher ein authigener Gemengteil vorliegt. Werden die Kristalle größer, so nimmt der Verdacht zu, daß ein gerollter Kern allothigener Herkunft authigen weitergewachsen ist. Oft wird sich das leicht (Abb. 117, 16) beweisen lassen, oft gelingt es erst durch Ätzung; viele Fälle bleiben zweifelhaft. Die Bildung der idiomorphen Pyrite ist gleichalterig mit der Abscheidung der älteren Goldgeneration, trotzdem kommen Verwachsungen beider, die das erkennen ließen, kaum vor. Man erkennt es erst, dann aber sehr leicht, wo man die den idiomorphen Pyriten gleichalterigen *kompakten Pyritüberkrustungen* – sichtbar in sehr vielen Abbildungen – der Gerölle in Verbindung mit Gold beobachten kann. Gold folgt dann sehr bald auf den Beginn der Pyritbildung (Abb. 13, 17). Die Grenze der alten Pyrite und der Fortwachsungen bildet immer eine gewisse Unstetigkeitszone, bedingt wahrscheinlich durch die mechanische Beanspruchung des gerollten Kerns, die oft Anlaß zu Verdrängungserscheinungen an dieser Grenze oder – bei gegebenen Bedingungen – zur Magnetkiesbildung gibt. Aus diesem Grund ist es oft nicht möglich, bei Goldfilmen gerade an dieser Stelle zu sagen, ob sie mit den Pyritfortwachsungen gleichalterig sind oder irgendwann später, besonders in der Hauptphase der Goldwanderung zugeführt wurden. Es gibt aber Fälle genug, die nur die erste Deutung zulassen. – Die Dicke dieser Überkrustungen schwankt stark. Oft ist sie daran zu erkennen, daß ursprünglich das Pyritgeröll gerade berührende Gerölle von Chromit, Uranpecherz, Zirkon von ihr noch teilweise (selten ganz) umhüllt wurden (Abb. 68, 17). Diese Erscheinung kann bei relativer Altersbestimmung von Bedeutung sein.

Ganz anderes Aussehen besitzen die locker *rundporigen bis skelettförmigen Pyritfortwachsungen* oder auch selbständigen jungen Lockerkristalle. Sie sind sehr wechselnd verbreitet, manchmal massenhaft und fast die einzige vorkommende Form des Pyrits, manchmal völlig fehlend, einmal groß und sehr sperrig, einmal kleiner und gedrungener. Sie müssen schnell gewachsen sein, weil bei langsamem Wachstum die Bildung einer solch enormen Menge grober, meist runder, gleichmäßiger und sehr auffallend zonar entwickelter Poren (Abb. 12, 30, 63) ganz unvorstellbar ist. Wenn man auch oft sieht, wie diese Skelette größeren oder kleineren Quarzgeröllen aus dem Wege gehen, so ist doch die „Platzschaffung“ für diese manchmal relativ umfangreichen Gebilde für mich vorläufig ein unlösbares Rätsel.

Erneut später scheinen die dünnen *Klufttapeten* zu sein, die meist keine Anzeichen von Kristallformen besitzen im Gegensatz zu vereinzelten früheren Sprungausheilungen im Quarz, bei denen Quarz und Pyrit in gleicher Weise beteiligt sind. Nur selten bilden diese „Klufttapetenpyrite“ einmal kompaktere und verzweigte schwammige Massen (Abb. 60); das gewöhnlichere Aussehen geben Abb. 61. Auch radioaktiv bedingte Sprungrisse im Quarz können mit solchem Pyrit verheilt sein.

Arsenkies

Neben Pyrit leicht zu übersehen ist das Vorkommen von Arsenkies, sobald die Körner beider nicht unmittelbar aneinander grenzen. „Arsenkies“ ist hier nicht ganz einheitlich, vielleicht weil er heterogener Herkunft ist. Gegenüber reinem FeAsS sind die meisten Körner deutlich weicher, zeigen aber gewöhnlich noch die mimetische Zwillingslamellierung des ja an sich monoklinen Arsenkieses, wären also als *Danait* zu bezeichnen. In manchen Fällen fehlt diese Lamellierung auch bereits, was bei Co-Gehalten über $\sim 10\%$ eintritt, die Kristalle haben jetzt keine erkennbaren Abweichungen von rhombischer Symmetrie mehr (*Glaukodot*).

In weitaus meisten Fällen bildet Arsenkies eindeutige Gerölle (bis etwa ½ mm ⌀), die im Gegensatz zu vielen Pyritgeröllen keine späteren Fortwachsungen besitzen (Abb. 62). Im Einzelnen wiederholt sich sinngemäß vieles, was bei „Geröllpyriten“ gesagt ist!

Ganz selten wurden auch idiomorphe Kristalle beobachtet, offensichtlich im Gegensatz zu dem eben Gesagten unter lokalen Bedingungen eben doch weitergewachsen.

Die Menge der Arsenkiesgerölle wechselt von Fall zu Fall sehr; in der Mehrzahl der Anschliffe fehlt er ganz, kann aber, z. B. von Grube Geduld einmal zahlenmäßig etwa $^1/_5$ des Pyrits ausmachen.

Das Vorkommen von Geröllarsenkies, insbesondere von Co-haltigem, deutet auf Herkunft entweder aus (? goldführenden) Gängen oder aus „Kieslagern" etwa vom Sulitelmatyp.

Glanzkobalt

Kobaltit wurde mit Sicherheit nur ein einziges Mal in einer Probe wohl vom Centralrand, die außerdem reichlich Arsenkies enthielt, als sicheres Geröll beobachtet. Die mimetische Lamellierung wie der charakteristische Farbton und außerdem die schlechte Polierfähigkeit machen die Diagnose eindeutig. Ein gelegentliches Übersehen dieses Minerals in anderen Schliffen wäre durchaus möglich.

Uranpecherz

Uranpecherz steht augenblicklich nicht nur praktisch, sondern auch theoretisch im Mittelpunkt des Interesses. Haben doch aus seinen Vorkommen Davidson & Bowie (3) geglaubt, eindeutig die hydrothermale Vererzung des Witwatersrandes beweisen zu können. Sie fanden in der scheinbaren Folgerichtigkeit ihrer Überlegungen auch weitgehende Zustimmung. Es wird sich aber herausstellen, daß – wohl zum Teil bedingt durch mangelhafte Präparatherstellung – entscheidende Dinge übersehen wurden. Ich werde hier, bei der Wichtigkeit der Materie unbedingt nötig, mehr auf die Einzelheiten einzugehen haben und mich auch mit manchen Angaben von Davidson & Bowie auseinandersetzen müssen.

Das Vorkommen von Uranpecherz wurde bereits 1923 von Cooper in 720 g eines 44,0% U_3O_8 enthaltenden Konzentrats von Schnellstoßherden aus 300000 t Erz erkannt. Diese winzige Konzentration (1 : 10^9), die nur etwa $^1/_{3000}$ der Urankonzentration in einem gewöhnlichen Granit beträgt, wurde begreiflicherweise im Schrifttum wenig beachtet, wenn sie auch z. B. in den im Zusammenhang mit dem geologischen Kongreß 1929 herausgegebenen Druckschriften Erwähnung fand. Erstmalig erkannte der Verfasser 1927 Uranpecherz im Anschliff[1]) (und zwar auf einer Schnittfläche von 3 cm^2 gleich 6 Körner), übersah aber die Wichtigkeit dieser Beobachtung als solcher, wie auch die der Häufigkeit völlig und ließ sie unveröffentlicht. Photos der Erscheinungsform in diesem Schliff, die übrigens ganz ungewöhnlich geblieben ist, geben Abb. 63, 64.

Erst während des Krieges und nach ihm fand eine genauere Untersuchung statt, besonders durch Davidson, Bowie, Nel und Bain, von der erst jetzt eine teilweise Veröffentlichung, eben in den mehrfach zitierten Arbeiten erlaubt wurde.

Der Verfasser kann den Angaben des Schrifttums (und der Tagespresse) über die Durchschnittsgehalte, die natürlich erst aus Zehntausenden von Analysen zu gewinnen wären, nichts hinzufügen, sicher aber ist, daß die Urangehalte ein mehrfaches größer als die Goldgehalte sind, und daß außerdem ebenfalls die Verbreitung größer ist, wenn auch einmal relativ goldreiche Partien arm an Uran sein können. Sehr goldreiche Teile scheinen aber fast (nicht ganz!) ausnahmslos reich an Uran zu sein und umgekehrt.

Als Uranträger nennen Davidson & Bowie in *erster* Linie die ‚kohlige Substanz' (s. unten) und erst als zurücktretenden *zweiten* das Uranpecherz. Diese Angabe mag den technischen

[1]) Die Probe hatte das Mineralogische Institut in Aachen 1927 durch die freundliche Vermittelung von Sir Robert Kotze vom Geolog. Survey in Pretoria erhalten. Sie war etikettiert mit: Bastard Reef, Rose Deep Mine, Rietfontein, East Witwatersrand Nr. b 1, 916. – Von befreundeter Seite erfahre ich, daß diese Bezeichnung heute nicht mehr eindeutig verständlich ist. Sowohl „Bastard Reef" wie „Rietfontein" können mehrdeutig sein.

Analysen und auszählungsanalytischen Durchmusterungen entsprechen, verschleiert aber die Verhältnisse unbewußt stark. *Genetisch jedenfalls* ist das *Uranpecherz* der erste Uranträger.

DAVIDSON & BOWIE übersehen weiter gewisse frühe Umsetzungsprodukte des Uranpecherzes und die verbreiteten, wenn auch mengenmäßig ganz zurücktretenden, meist weitgehend unter Rutilausscheidung zersetzten Uranmineralien (S. 24).

DAVIDSON & BOWIE haben (soweit sie selbst Angaben machen) Material mikroskopisch untersucht, das zufälligerweise in der Herkunft anscheinend in keinem Fall mit dem meinigen übereinstimmt. Das mag manche Diskrepanz erklären, wenn ich auch über eine recht große Breite des Untersuchungsmaterials zu verfügen glaube.

DAVIDSON & BOWIE unterscheiden zwei Generationen von Uranpecherz, die sie beide als hydrothermal-kolloidal („Pitchblende") auffassen. Die von mir durchgemusterten selbständigen, also nicht in „kohliger Substanz" eingeschlossenen Uranpecherzkörner (es mögen immerhin 2000 gewesen sein!) waren *sämtlich in der geologischen Erscheinungsform gleichartig* und *positiv ohne jedes der so auffallenden, wenn auch wechselvollen Kennzeichen tieftemperierter*, also kolloidal abgeschiedener Pechblenden. Stets handelt es sich um *Gerölle* in Formen und Größen, wie sie in vielen Abbildungen (z. B. Abb. 66, 67, 68, 69) zu ersehen sind, und ebenso finden sie sich praktisch ausnahmslos in den untersten Teilen der Konglomerathorizonte, vielleicht noch einmal auf „falschen Liegenden" innerhalb von ihnen. Sie können sehr stark angereichert auftreten und sind natürlich mit typischen Seifenmineralien (Iridosmium in Abb. 95) vergesellschaftet.

Bei schlechten Präparaten wird es natürlich sehr wohl denkbar sein, daß man diese Gerölle, auch trotz ihrer meist ovalen oder zugerundet eckigen, fast niemals aber ideal kugeligen Form, für kugelige Kolloidformen hält. Es fehlen aber völlig alle weiteren entscheidenden Merkmale: Radiale und konzentrische Kontraktionsrisse, rhythmisch konzentrische Färbungsverschiedenheiten, Neubildung einer zweiten, oft etwas in Polierverhalten und Verwitterungsbeständigkeit abweichenden, die radialen Schrumpfrisse füllenden Generation und auch alle anderen oft typischen, aber doch nicht unbedingt zu erwartenden Kennzeichen kolloidaler Herkunft. – Demgegenüber ist in frischen Körnern im allgemeinen ein sehr gleichartiges Härte- und Färbungsverhalten für das ganze Korn festzustellen, höchstens an der Peripherie sind – oft typisch lokal gehäuft – kleine Risse erkennbar, konzentrische Sprünge sind ebenfalls nur ganz außen (und selten) vorhanden. Dagegen zeigen manche Körner typische Spaltrisse nach dem Oktaeder (Abb. 63, 64, 65)[1], und gelegentlich kann man bei großer Aufmerksamkeit einen geradlinigen, wohl würfeligen Zonenbau erkennen. Sehr viele, in manchen Proben praktisch alle Uranpecherzkörner sind *in situ* kataklastisch zerbrochen, und zwar ganz früh – vielleicht schon bei der Sedimentation – und oft von umgelagerten Mineralien, z. B. Gold, Skutterudit u. a. verkittet. Das heißt: Die „geröllförmigen" Uranpecherze sind *wirklich* Gerölle, und zwar – soweit ich sie beobachtete – von der wohlkristallisierten „Uraninit"-Form. Dem entspricht – auch wenn man bedenkt, daß etwas ThO_2 vielleicht anderen Uranträgern entstammen könnte – vollkommen der für ein kolloidal gebildetes Uranpecherz viel zu hohe ThO_2-Gehalt (2,43%), der aber für einen pegmatitischen „Uraninit" umgekehrt schon recht klein wäre.

Uranpecherzgeister. Der Anlaß, weshalb die genetisch sicher überragende Rolle des Uranpecherzes überhaupt und besonders in seiner Form als Geröll übersehen wurde, liegt zweifellos in der ganzen oder teilweisen Zerstörung in vielen Fällen. Fast immer kann man am Rande oder an kataklastischen Sprüngen oder auch unvermittelt den Beginn der Bildung einer trübweiß transparenten, hoch lichtbrechenden Substanz erkennen, die allerdings bei nicht äußerst sorgfältiger Schliffherstellung fast immer konzentrisch um das Korn herausbröckelt. Dabei

[1]) Spaltbarkeit ist für Uranpecherz im Schrifttum anscheinend nirgends angegeben. Die hier (und zwar eindeutig) beobachtete nach (111) ist beim Fluoritgitter zu erwarten.

bleibt aber bei + N (oder ebenso Dunkelfeldbeleuchtung) immer ein Teil der Masse noch sichtbar, im Aussehen vergleichbar etwa dem „Leukoxen" bei abgeblendeter Beleuchtung (Abb. 68a, 70, 71, 73, 74, 76, 77, 78). Was diese weißgraue, extrem feinkörnige Substanz ist, konnte nicht festgestellt werden. Im Kern bleibt zunächst das Uranpecherz erhalten, verschwindet aber mehr und mehr. Schließlich bleibt ein Fleck der weißen Substanz – leicht zu verwechseln mit den feinkörnigsten der ja gemeinen Rutilhaufen. Bei + Nicols sieht man aber fast genau noch dasselbe Bild, das man hat, solange noch Uranpecherzreste vorhanden waren: Ein *diffuser trübweißer Saum* von Innenreflexen mit einem pechschwarzen Kern in der Mitte! Worauf der Eindruck des „schwarzen Kerns" eigentlich beruht, ist, sofern keine ± intakten Reste von Uranpecherz erhalten sind, schwer zu sagen, vielleicht auf dem Gesamteindruck der unzähligen feinsten eingelagerten und sich länger als das Uranpecherz erhaltenden Bleiglanzkörnchen. So lange sind schon bei sehr geringer Übung diese Uranpecherz-„*Geister*" leicht zu erkennen. Sie verraten, daß ursprünglich die Zahl der Uranpecherzkörner um ein Vielfaches größer gewesen ist, als jetzt auf Grund der wohlerhaltenen auszuzählen wäre. Schwieriger – und unter Umständen zweifelhaft, ja überhaupt nicht mehr durchführbar – wird die Erkennung erst, wenn entweder nur das unterste Segment eines solchen Geistes von der Schliffebene getroffen wird, weil dann verständlicherweise oft nach dem oben Gesagten die trübweiße Masse ausbricht und nur ein flaches, schalenförmiges Loch übrig bleibt, das selbstverständlich auch irgendwie anders erklärbar ist, oder wenn im Kern auch die letzten Reste von Uranpecherz und Bleiglanz irgendwie weggelöst sind. Wenn auch ganz bestimmt damit eine gewisse Unterschätzung der Zahl der Geister verbunden sein wird, wird man bei Auszählungen oder Messungen die zweifelhaften Fälle weglassen.

Über die Natur der trübweißen Masse ist nur zu sagen, daß sie aus winzigen, aber etwa gleichgroßen, wohl kristallinen Körnchen besteht, die auch bei Ölimmersion noch ein Reflexionsvermögen zeigen, das auf etwa $n \sim 2{,}2$ bis 2,3 hinweist, also schon deutlich geringer als Rutil, aber sehr erheblich größer als bei Zirkon ist, um die häufigsten Begleiter mit einigermaßen vergleichbaren Eigenschaften zu nennen. – Genetisch ist die trübweiße Substanz sicher *kein* Verwitterungsprodukt im gewöhnlichen Sinn, also weder bereits bei der Sedimentation, noch auch subrezent entstanden. Sie ist jünger, vielleicht wenig jünger als die Kataklase des Uranpecherzes, älter aber als die Bildung des Magnetkieses (s. unten), jedenfalls in vielen Fällen. Es scheint mir sicher, daß das bei Davidson & Bowie gegebene Radiogramm, das von diesen als „Verdrängung von Quarz durch Pechblende" gedeutet ist, auf Infiltration dieser trübweißen Substanz in einen zerbrochenen Quarz unmittelbarster Nachbarschaft zu deuten ist – wie es in ähnlicher Form in guten Präparaten an vielen Stellen eindeutig zu beobachten ist.

In fast allen Uranpecherzkörnern ist bei starker Vergrößerung eine feine und oft gleichmäßige *Durchstäubung mit Bleiglanz* vorhanden (Abb. 67, 71). Da die Korngröße bis zur Sichtbarkeitsgrenze geht, ist anzunehmen, daß in den wenigen Fällen, wo Bleiglanz mikroskopisch nicht erfaßt ist, er doch in submikroskopischer Form vorliegt. Die Gleichartigkeit der Verteilung macht es höchst wahrscheinlich, daß es sich um das radioaktiv entstandene Blei handelt, das durch den sehr lange Zeit bestehenden hohen Gehalt von S (in irgendeiner Bindungsform) mehr oder weniger vollständig in Bleiglanz übergeführt ist. Primär mitgefälltes gewöhnliches Blei kommt nach dem Vergleich mit Strukturen in anderen Vorkommen für diese Durchstäubung kaum in Frage (vgl. z. B. Abb. 79), dagegen bleibt die Herkunft des Bleiglanzes, der in manchen Fällen kataklastisches Uranpecherz verkittet, ja zu verdrängen scheint, offen.

Manche, insgesamt wenige, Uranpecherzkörner enthalten in durchschnittlich groberer und mehr unregelmäßiger Verteilung ein bräunlich reflektierendes Mineral. Es wurde auch von Bowie beobachtet und, wie auch zunächst vom Verfasser, für Bornit gehalten. Die mangelnde

Verfärbung wie die deutliche Anisotropie zeigt aber, daß es sich um Magnetkies handelt. Gelegentlich läßt sich feststellen, daß dieser später in Auslaugungshohlräume hinein infiltriert ist, öfter ist die Altersrelation unklar (Abb. 72).

Weitere radioaktive Mineralien

DAVIDSON & BOWIE und DAVIDSON allein betonen bei der Zurückweisung einiger Einwände, die gegen die Annahme der Herkunft der Pechblende aus hydrothermalen Lösungen erhoben waren und die – unter Konzedierung der leichten Verwitterbarkeit des Uranpecherzes – die Herkunft des Urans in detritogenen, schwer verwitternden Uranmineralien suchen wollten, nicht ganz mit Unrecht, daß Reste solcher Mineralien *nie* gefunden worden seien. Tatsächlich sind solche Reste selten, aber sie fehlen keineswegs, wenn sie auch mengenmäßig gegen Uranpecherz, Uranpecherzgeister und den Urangehalt der kohligen Substanz ganz zurücktreten. – Es gibt mindestens zwei Typen solcher Mineralien, wahrscheinlich mehr.

Typ I besteht aus einem transparenten oder mit kohliger Substanz ausgefüllten Kernteil, der ganz locker mit hoch reflektierenden, weißen, tafeligen oder säuligen (eher tafeligen) Körpern durchsetzt ist, und einer oft völlig zerbrochenen Kruste aus Titanit allein oder zusammen mit Rutil. Das Mineral muß primär gut kristallin und wohl zonar gewesen sein (Abb. 80). Man könnte an Mineralien wie Brannerit oder Davidit denken, doch stehen sichere Angaben noch ganz aus.

Typ II erinnert im ersten Augenblick sehr an Uranpecherzknollen oder „Geister" davon gerade im Zustand der Entwicklung. Das Material ist aber auch unzersetzt schon deutlich transparent. Es liefert wie Uranpecherz große Mengen von radiogenem Bleiglanz, dessen Verteilung aber auf etwas größere Bewegungswege in der Matrix hindeutet. Bei + Nicols ist ein trübweißer Außensaum wie bei den Uranpecherzgeistern vorhanden, der dunkle Mittelfleck ist vorhanden, zeigt aber schärfere Abgrenzung und erscheint etwas transparenter (Abb. 81, 82). Roh geschätzt wird man diese Mineralien für weit weniger als ein Prozent der Urangehalte verantwortlich machen können.

Kohlige Substanz

Kohlige Substanz (*carbonaceous matter*) ist in den Witwatersranderzen längst bekannt und in den liegendsten Teilen vieler Reefpartien bei einiger Aufmerksamkeit auch makroskopisch gar nicht zu übersehen. DAVIDSON & BOWIE haben festgestellt, daß der Löwenanteil des Urans und der Radioaktivität in dieser Substanz konzentriert ist, und sie deshalb mit dem Thucholith verglichen, was zum Teil gerechtfertigt ist.

Über die Ähnlichkeiten mit anderen Uran führenden Kohlenwasserstoffen und das Schrifttum darüber gibt die Arbeit von DAVIDSON & BOWIE weitgehende Auskunft, wir können darauf verweisen.

Auch ihre Beschreibung des Vorkommens vom Witwatersrand ist recht gründlich, doch sind da einige wohl wesentliche Neubeobachtungen hinzuzufügen. Daß Kohlenwasserstoffe Uran in irgendeiner Form lösen können, ist bekannt, die Festlegung des Urans erfolgt dabei wohl über metallorganische Verbindungen, zu deren Bildung Uran als Übergangselement zweifellos in der Lage ist, wenn auch anscheinend experimentell wenig darüber gearbeitet wurde. Die „kohlige Substanz", ursprünglich sicher flüssig oder auch gasförmig (Abb. 83) wird dabei hart, pechartig glänzend, splitterig brechend und nach dem Verhalten im polarisierten Licht, besonders bei gekreuzten Nicols in wechselndem, meist aber hohem Maße graphitisch vororientiert (die Abbildungen sind alle mit einem Nicol aufgenommen.) Das Reflexionsvermögen ist äußerst wechselnd und mag bis etwa 15% hinaufgehen, eine untere Grenze ist nicht anzugeben. Es gibt Partien, die in Ölimmersion praktisch kein Reflexionsvermögen besitzen, was einem Luftwert von 4 bis 5%, bzw. n ~ 1,55 entspricht (vgl. einige Partien in Abb. 84, 85, 86 und die unmittelbare Nachbarschaft der Uranpecherzeinschlüsse in Abb. 91). DAVIDSON & BOWIE versuchen 3 Typen nach dem Reflexionsvermögen zu unterscheiden, eine stark anisotrope mit einem Reflexionsvermögen von 14,3%, eine mäßig anisotrope mit 11,4% und eine isotrope mit 10,1%. Ich kann diesen Angaben nicht zustimmen; das Reflexionsvermögen schwankt viel stärker und allein die Betrachtung eines Einzelkorns läßt das oft überzeugend erkennen (Abb. 84). Daß Stärke der Anisotropie und Höhe des Reflexionsvermögens parallel gehen, ist in der höheren „Inkohlung" und Annäherung an graphitische Vororientierung begründet und aus der Kohlenpetrographie wohlbekannt.

Von besonderer Wichtigkeit sind nun die Beziehungen zum Urangehalt und zum Uranpecherz im Besonderen. Im vorausgehenden Abschnitt wurde gesagt, daß die Uranpecherzgerölle und „Geister" oft in den liegendsten Teilen der Konglomerate angereichert sind. Das trifft nun überraschenderweise (Abb. 87, 88), wenn auch nicht so betont, für die kohlige Substanz zu, — im Gegensatz zu einer vielleicht lokal richtigen, sicher aber nicht zu verallgemeinernden Angabe bei DAVIDSON & BOWIE für die Babrosco Mine. Man erkennt den Grund darin, daß diese Massen zu dem Uranpecherz, und zwar besonders zu den stark zerbrochenen Knollen hingewandert sind, die Bruchstücke einhüllen, dispergieren und wohl auch „verdauen". Die „Dispergierung" bedeutet, daß der Kohlenwasserstoff in die feinsten Sprünge eindringt und sie erweitert, und daß damit das Uranpecherzkorn „auseinanderschwimmt". Dabei können die Stücke zunächst bei recht großem Abstand noch durchaus zusammenpassen (Abb. 89, 93). Die Angaben von DAVIDSON & BOWIE (Material von Blyvooruitzicht) sind hier nicht ganz klar[1]) und die Abbildungen mangelhaft, scheinen aber im wesentlichen auf das Gesagte hinauszukommen. Er meint zwei Typen von Uranpecherz, eine ältere und eine jüngere kluft- und hohlraumfüllende unterscheiden zu können.

Die letztere, die er offensichtlich als erheblich später gebildet ansieht (vgl. seine S. 10), habe ich in meinem sehr reichen und wechselvollen Material *nicht* abtrennen können. Es scheint fast, daß DAVIDSON & BOWIE sich von auch mir wohlbekannten und Sprünge vortäuschenden Partien geringerer Inkohlung (vgl. Abb. 91) hätten irreführen lassen. Selbstverständlich soll damit weder das lokale Vorkommen jüngerer Pechblende, noch die Möglichkeit ihrer Neubildung bei den (späteren pseudo-) hydrothermalen Vorgängen geleugnet werden — aber: ich habe es nie mit Sicherheit gesehen! In dem eben gezeigten Stadium pflegen zwar die Uranpecherzkörner massenhaft feinste Bleiglanzkörnchen zu enthalten, die „kohlige Substanz" aber gar keine oder wenige.

Es gibt demgegenüber andere Fälle, wo die Uranpecherzkörner kleiner und kleiner werden und schließlich überhaupt fehlen. Hier stecken dann die Bleiglanzkörner in der kohligen Substanz selbst, in geringerer Zahl als im Uranpecherz, vielleicht auch etwas geringerer Größe, aber manchmal in erstaunlichster Gleichmäßigkeit der Verteilung (Abb. 94). Es kommt aber z. B. auch vor, daß im einen Ende derselben Knolle zahlreiche Uranpecherzstückchen stecken, im anderen diese fehlen, aber im wolkigen Verlauf feinste PbS-Durchstäubung auftritt. Die Knollen kohliger Substanz *ohne* Uranpecherzeinschlüsse, mit und ohne Bleiglanzdurchstäubung sind nicht so überwiegend an die untersten Partien der Konglomeratbänke gebunden, wie diejenigen mit Uranpecherz.

Dieser Befund ist meines Erachtens nur so zu erklären: Die leicht bewegliche organische Substanz (ob flüssig oder gasförmig ist irrelevant und zudem bei Unkenntnis der im fraglichen Augenblick herrschenden, unter Umständen recht hohen Temperaturen auch nicht anzugeben) wanderte zu den zerbrochenen Uranpecherzkörnern und „verdaute" sie, aber nur insoweit, als sie sehr fein zerrieben oder schon in einem Zustand der Zersetzung waren.

[1]) Was versteht er z. B. unter „granular Pitchblende"?

Waren Körner schon recht weitgehend zersetzt, so konnte die organische Substanz das Uran leichter lösen und auch weiter wegführen. Meist setzte aber durch die Strahlungseinwirkung die Polymerisation und Inkohlung so schnell ein, daß der Transportweg gering war. Die Stellen, wo die weggelösten Uranpecherzkörner lagen, sind in Form der „Geister" oft noch gut erkennbar. Wie das Auseinanderwandern der Uranpecherzbruchstücke zu verstehen ist, etwa durch kapillare Kräfte oder im Zusammenhang mit der Polymerisation, kann nicht gesagt werden.

Ganz eindeutig klar ist jedenfalls, daß das Uranpecherz älter ist als die kohlige Substanz und die letztere in beweglichem Zustand zu dem Uran, das irgendeine adsorbierende Wirkung ausübte, *zuwanderte.* Auch an diesen Uranpecherzkörnchen ist manchmal die oben behandelte oktaedrische Spaltbarkeit erkennbar.

Die *Herkunft der Kohlenwasserstoffe* ist zunächst absolut problematisch. DAVIDSON & BOWIE suchen sie im Methan der Karrookohlen. Damit mutet man aber doch der eben genannten adsorbierenden Wirkung des Urans etwas zu viel zu: Würde es doch bedeuten, daß das Methan (entgegen seinem Auftrieb!) bis 20 km in die Tiefe diffundierte, zum Teil durch Horizonte hindurch, die recht solide impermeable Wirkung haben sollten! Außer dieser Überlegung gibt es aber eindeutige Beweise, daß die kohlige Substanz viel älter ist (vorsichtshalber möchte ich zusetzen: „in einem wesentlichen Teil", da Zufuhr zu verschiedenen Zeiten nicht ausgeschlossen werden kann, mindestens lokal sogar wahrscheinlich ist). So fand sich im Black Reef ein eindeutiges Geröll aus damals bereits polymerisierter organischer Substanz, weiter hüllt Magnetkies, der bei (pseudo-) hydrothermalen Vorgängen gebildet ist, bereits polymerisierte „kohlige Substanz" ein (Abb. 92), ebenso Pyrit (Abb. 125), und schließlich sind vielfach Knollen der kohligen Substanz tektonisch zerbrochen (Abb. 89). Da eine solche Tektonik aber seit der Karroozeit sicher fehlt, und ebenso sicher die Zerbrechung nur bei weitgehend polymerisierter Substanz erfolgen kann, muß sie eben älter sein.

Es gibt aber noch eine weitere Beobachtung, die etwas ausführlicher behandelt werden muß, weil sie später vielleicht unter günstigen Bedingungen auch zur quantitativen Mindestaltersbestimmung ausgewertet werden könnte und zudem vielleicht nicht sofort verständlich ist. Abb. 94, aus dem Main Reef der Grube Geduld, zeigt keinerlei Uranpecherz in der kohligen Substanz, dagegen in großer Menge Bleiglanz. Dieser Bleiglanz ist so gleichmäßig verteilt, daß an seinem radiogenem Ursprung aus feinst dispergiertem Uran meines Erachtens nicht gezweifelt werden kann. Nun ist aber weiter die Menge des Bleiglanzes so groß, daß sie nur erklärbar ist, wenn ein sehr hoher Anteil des Urans schon in Blei umgewandelt wurde, mit anderen Worten, daß *nach* der Lösung des Urans schon sehr erhebliche Zeit, jedenfalls weit längere Zeit als seit dem Karroo, verflossen ist. Dabei ist zu bedenken, daß bei dem geringen spezifischen Gewicht der kohligen Substanz ein Bleiglanzkorn je Flächeneinheit erheblich (etwa das 4½fache) mehr bedeutet als ein gleichgroßes im Uranpecherz. Der mögliche Einwand, daß die Bleiglanzkörner einem verdauten Uranpecherz mit bereits vorher weitgehend zerfallenen Uran entstammen könnten, wird durch die ganz gleichmäßige Verteilung, die jeder beobachtbaren Form der Dispergierung des Uranpecherzes widerspricht, sofort entkräftet. Könnte man, etwa wie es LARSEN u. Gen. (13) vorschlagen, durch planimetrische Erfassung des Bleiglanzes und radiometrische Erfassung des Urans Pb und Resturan in Beziehung setzen, so wäre ein Weg zur rohen quantitativen Altersbestimmung schon für ein solches Einzelkorn gegeben.

Die „kohlige Substanz" ist auch Ausfäller von Gold (und in gewissem Umfang auch anderen Elementen), wodurch Konzentratproben von kohliger Substanz oft unerhörte Goldgehalte führen. Diese Goldgehalte sind aber ersichtlich *jünger* als die kohlige Substanz und stecken mengenmäßig ganz überwiegend auf feineren oder gröberen Sprüngen, die natürlich ebenfalls erst nach der Verfestigung entstanden sein können, nur im kleinen Anteil in allerfeinsten

Imbibitionen auch innerhalb der kohligen Substanz selbst. Das Gold ist also *jünger* als die kohlige Substanz, das Uranpecherz *älter;* das erstaunliche Parallelgehen hoher Uran- und Goldgehalte ist also hier in gewissem Grade *zufälliger Natur.* Das bedeutet aber in keiner Weise, daß nicht letzten Endes Uran und Gold doch denselben Lagerstätten entstammen könnten.

Gegenüber diesen eindeutigen Beweisen für das hohe Alter der „kohligen Substanz" bedeutet es natürlich nichts, daß heute in den O.F.S.-Vorkommen, in denen die Karrookohlen nur hunderte, ja Dutzende von Metern über den Goldhorizonten liegen, die Grubenwässer oft reichlich Methan enthalten. Diese Beobachtung wäre nur dann von Wichtigkeit, wenn die „kohlige Substanz" hier irgendwelche anderen Eigenschaften als in Karroofernen (vertikal wie lateral) Gebieten zeigen würde — das ist aber nicht der Fall!

Iridosmium und Platin

Bei der sehr geringen Konzentration dieser Mineralien ist es natürlich ein seltener Glücksfall, sie in der Fläche eines Anschliffs anzutreffen. Trotzdem gelang das mehrfach und nicht ganz zufällig. Jedesmal waren es nämlich die alleruntersten Teile besonders reicher Reefteile, wo neben anderen Schwergemengteilen und auch Gold sich beide Mineralien fanden (Abb. 95, 97). Dabei steckten in einem Fall gleich drei Körner in einer schwach erbsengroßen Masse von „kohliger Substanz". Allemal waren die abgerollten Körner außen mit umgelagertem Material anderer Erze umwachsen, Iridosmium einmal mit Pyrit, ein anderes Mal mit Linneit, Kupferkies und Gold, während Platin einmal eine ganz gleichmäßige, aber extrem dünne Kruste von wahrscheinlich Skutterudit, einmal einen breiten Saum besitzt. Orientierte Umwachsung scheint mindestens im Falle Iridosmium-Pyrit vorzuliegen, wo c_0 des ersteren (= 4,60 Å) praktisch genau mit der Hälfte der [111]-Dimension des zweiten (4,63) übereinstimmt (Abb. 96). Auch im Falle Platin-Skutterudit wäre an so etwas zu denken. Daß Iridosmium nicht nur abgerollt ist, sondern im Augenblick seiner Sedimentation bereits charakteristisch durch Lösung angegriffen war, unter allmählich verlaufender Verfärbung nach leicht bläulich, ist auf Abb. 96 zu erkennen (dem Verfasser haben derartig veränderte Iridosmiumflitter aus Platinseifen des Urals, Goldseifen Californiens und aus Tasmanien mehrfach vorgelegen). Auf besonders große Transportwege möchte ich daraus noch nicht schließen. Die abgebildete Probe stellt übrigens, wie bei gekreuzten Nicols erkennbar ist, ein knäuelförmiges Viellingsaggregat dar, sonst liegen anscheinend häufiger tafelige Einzelkristalle vor.

Weitere allothigene Mineralien

Chromit ist häufig sehr verbreitet, manchmal in Dutzenden von Körnern in einem Anschliff, die Anreicherung in der Nähe des Liegenden ist dabei oft sehr deutlich, vielleicht aber nicht so auffällig, wie das für Iridosmium, Platin, Uranpecherz zutrifft. Immerhin kommt er, ohne bisher erkennbare Gesetzmäßigkeit, gelegentlich nur spurenhaft vor. Die Körner sind oft kugelrund und enthalten nur ganz selten anhängende Reste des ursprünglichen Muttergesteins. Beides wurde von Davidson & Bowie als Kriterium eines sehr weiten Transportes angesehen. Man sollte mit diesem Schluß vorsichtig sein: Erstens ist Chromit schon in seinen Primärlagerstätten meist in rundlichen Körnern enthalten, zweitens sind in Seifenvorkommen auch vergleichsweise sehr geringen Transportes (z. B. in den uralischen Platinseifen) Chromit und Serpentin schnell recht sauber getrennt, schließlich könnten die (pseudo-)hydrothermalen Lösungen etwa vorhandenen Serpentin gelöst und zu anderen Mineralien umgelagert haben. Die Tatsache, daß viele Chromitkörner außen einen etwas stärker reflektierenden Saum besitzen, genau wie oft die Einzelindividuen in der Primärlagerstätte selbst, spricht eher für geringen Transport!

Daß Chromit oft zerbrochen ist, manchmal übrigens mit recht guter oktaedrischer Spaltbarkeit, ist in der Kugelmühle der Quarzgerölle nicht auffällig.

Im Reflexionsvermögen wie in der Häufigkeit der Innenreflexe schwankt unser Chromit nicht unerheblich, ein Teil wäre sicher besser als Chromspinell zu bezeichnen und ist von dem unten genannten Spinell nicht mehr scharf abzutrennen.

Zirkon ist in außerordentlicher Verbreitung in fast allen untersuchten Proben vorhanden, in den Liegendpartien vielleicht etwas angereichert, insgesamt aber ziemlich gleichmäßig verbreitet. Systematische Untersuchung wird sicher ermöglichen, eine ganze Anzahl von Typen zu trennen und die Ergebnisse palaeogeographisch auszuwerten. Mit dem Erzmikroskop sind hierzu nur Ansätze möglich, aber es ist mindestens eine Art mit außerordentlich gut entwickeltem Zonenbau – wohl die häufigste Varietät – von einer schwach oder garnicht zonaren, aber ebenfalls mit schönen zartrosa Innenreflexen und einer dritten unzonaren mit farblosen Innenreflexen abzutrennen. In den zonaren ist das Reflexionsvermögen sehr auffallend verschieden. Die Abrollung ist wechselnd, meist bei den kleineren Körpern gering. Es ist zu vermerken, daß in den ursprünglich sandigtonigen Liegendpartien oft genau dieselbe Art von Zirkonen vorkommt, aber in $1/3-1/4$ linearer Durchschnittsgröße.

An Zirkon angeschlossen sei der seltene *Granat.* Besonders die zweitgenannte Zirkonvarietät ist von Granat im Anschliff sehr schwer zu unterscheiden, doch ist eine Anzahl von Bestimmungen gesichert. Diese Einzelbeobachtungen ändern nichts an der altbekannten Feststellung, daß „überraschenderweise" in den Randkonglomeraten Granat praktisch fehlt. Im Vorkommen handelt es sich um abgerollte Körnchen, oft splitterig zerbrochen, mit lichtrosa Innenreflexen und (in Ölimmersion) gegenüber Zirkon merklich niedrigerem Reflexionsvermögen.

Xenotim wird man im Anschliff wie Dünnschliff neben reichlichem Zirkon leicht übersehen. Ich glaube ihn mit Sicherheit trotz aller Zirkonähnlichkeit an niedrigem Reflexionsvermögen bei höherer Anisotropie ein paarmal erkannt zu haben.

Rutil gehört in einigen Reefs, vielleicht lokal gehäuft, auch zu den verbreiteteren Mineralien der allothigenen Gerölle, fehlt aber in den meisten. Eine Verwechselung mit dem ja allgemein massenhaften authigenen ist nicht möglich. Es sind ziemlich grobe, im Ausmaß etwa den Chromiten entsprechende Körner, die stets sehr stark zwillingslamelliert sind, vielleicht zum Teil erst durch Beanspruchung bei der Sedimentation.

Über das Fehlen des „Black sands" und seine Ursachen spreche ich an anderer Stelle (s. S. 15). Trotzdem sei erwähnt, daß unter besonderen Umständen sich gelegentlich *Ilmenit,* extrem selten auch *Magnetit* erhalten hat. Besonders kommt es offenbar bei dieser Konservierung auf schnelle Umhüllung mit kompaktem Pyrit an, der die Verdrängungsreste gegen weiteren Angriff „panzert". Abb. 114 zeigt den Fall, wo ein dünner Reaktionssaum von Magnetkies[1]) den Magnetit unmittelbar umhüllt und Pyrit weiter außen folgt.

Spinell wurde mehrfach festgestellt. Er zeigte ziemlich häufig olivbraune Innenreflexe und gegen Chromit und Chromspinell schon erheblich schwächeres Reflexionsvermögen. Trotz seines Nachweises ist seine Seltenheit ebenso wie die des Granats, Disthens und Korunds entschieden bemerkenswert. Übrigens sind (s. S. 16) manche der Vorkommen wohl durch „Panzerung" mit Pyrit energischerer Umlagerung entzogen gewesen.

Sehr auffallend war ein stark reflektierendes, hartes, kubisches und durch Flächenreichtum fast kugeliges Mineral mit leuchtend roten Innenreflexen bei einem Reflexionsvermögen etwa von Zinkblendehöhe, also $n \sim 2{,}4$. Es wurde an einen winzigen tiefroten Diamanten gedacht, doch war die Härte hierfür wesentlich zu gering. Es wäre die Verwandtschaft von Dysanalyt oder Pyrochlor zu erwägen.

[1]) Diese Magnetkiesbildung hat natürlich mit der normalen Altersbeziehung dieses Minerals (s. S. 31) nichts zu tun und ist ganz lokal.

Umgelagerte und neugebildete „hydrothermale" Komponenten

Bei einer zeitweisen Überlagerung durch 10 bis 15 km jüngerer Sedimente und Laven und einer dazukommenden zwar lokal sicher wechselnden, aber doch wenigstens in beschränktem Umfang das ganze Gebiet erfassenden mehrfachen Aufheizung durch Intrusionen (Ventersdorp, Bushveld, Karroo u. a.), dazu einer erheblichen, langdauernden radioaktiven Wärmezufuhr ist die Annahme einer echten hydrothermalen Zufuhr und Umlagerung am Witwatersrand absolut überflüssig, wie ich schon anderswo (18) andeutete. Die durch die genannten geologisch gesicherten Gegebenheiten bedingten Temperaturen können 350°, lokal sicher mehr, ohne weiteres erreicht und damit Verhältnisse geschaffen haben, die durchaus als „hypothermal" zu bezeichnen wären. Es fallen dann alle Schwierigkeiten weg, die durch den Mangel von „Zufuhrkanälen", Fehlen vertikaler und lateraler Teufenunterschiede, Unwahrscheinlichkeit der Paragenese im hydrothermalen System usw. so viel Diskussion und Kopfzerbrechen verursacht haben. Systematische Untersuchungen darüber, welche Teile des Witwatersrandes und welche Reefs etwa Kennzeichen relativ höherer oder niedrigerer (Um-) Bildungstemperaturen führen, scheinen bisher nicht durchgeführt zu sein. Sie sollten nicht nur aussichtsreich, sondern auch nicht besonders schwierig sein, da schon meine Untersuchung, gewissermaßen nebenbei, im Vorkommen von Chloritoid und Magnetkies einige Hinweise gibt.

Über die Natur der ursprünglich als Grundwasser vorhandenen oder durch die Aufheizung aus wasserhaltigen Mineralien der ehemaligen Sedimente freigemachten Lösungen wissen wir wenig. Nachdem das sehr reichliche Vorkommen von Pyrit bereits in den ursprünglichen Konglomeraten gesichert ist, macht die Herkunft des Schwefels für die jüngere Pyritbildung keine so große Sorge mehr wie früher; analog ist es, wenigstens zum Teil, mit dem As (für Skutterudit und Rotnickel) usw. *Alle Anzeichen deuten darauf hin, daß der pseudohydrothermale Stofftransport nur auf ganz geringe Entfernung wirksam war und eher mit Millimetern und Zentimetern zu messen ist als mit Dutzenden von Metern* (oder gar vielen Kilometern wie es die „Hydrothermalen" verlangen müssen!).

Gold

Daß das Gold wenigstens in seiner überwiegenden Menge nicht in Formen vorliegt, wie wir sie in Seifen vorzufinden gewohnt sind, wird seit langem auch von den Placeristen zugegeben. Die sehr seltenen typischen Nuggets können hier zunächst außer acht bleiben. Die Kriterien sind absolut überzeugend: Durchäderungen älterer Erzmineralien, nachträgliche Kluftfüllung auf Pyritsprüngen, Fällung durch kohlige Substanz, gelegentlich Idiomorphie gegenüber Hohlräumen, etwa gleichbleibender Feinheitsgrad bei 900, Beschränkung eingeschlossenen Goldes im Pyrit auf die äußersten, ersichtlich nachträglich gewachsenen Partien usw.

Demgegenüber ist aber die Anreicherung in den „Pay streaks", das bevorzugte Gebundensein an das unmittelbare Liegende (oder auch „falsche Liegende") in beliebig vielen Fällen, der Reichtum mancher jüngerer Reefs in seiner Beschränkung gerade auf Stellen, wo diese nachweisbar ältere Reefs aufgearbeitet haben und anderes doch ein klarer Hinweis darauf, daß eine alte Seifenbildung vorliegt, aus der die jetzigen Verhältnisse durch Lösungstransport nur auf allergeringste Erstreckung, d. h. im Ausmaß von Millimeter oder Zentimeter, entstanden sind. Insgesamt besteht über diese Fragen eine so außerordentlich umfangreiche Literatur, daß weitere Erörterungen überflüssig sind. Immerhin sei auf die Abb. 105, 106, 100 verwiesen.

Vorläufig durchaus schleierhaft bleibt, sowohl für die „modifizierten Placeristen“ wie die Hydrothermalen der so gleichmäßige[1]) Feinheitsgrad von 900/1000 auf so weite Erstreckung und in so vielen Reefs, denn schließlich sollte man auch bei hydrothermaler Deutung so etwas wie primäre Teufenunterschiede oder Lateralunterschiede erwarten. Freimütig muß ich hier zugeben, daß ich weder eine Erklärung noch einen Weg zu ihr weiß!

Immer und immer wieder wird betont, daß Gold weder im Pyrit noch in den Quarzgeröllen primär jemals gefunden sei, und das wird als schwerwiegendes Kriterium für Hydrothermalbildung angesehen. Kenntnis recht vieler Goldquarzgänge zeigt aber doch, daß es darunter Typen gibt, wo die Verwachsungsarten so grob sind, daß bei einigermaßen robuster Behandlung in der Seife kaum einmal eine Verwachsung von Pyrit + Gold oder Quarz + Gold sich erhalten würde. Es kommt aber weiter hinzu, daß bei gründlicher Untersuchung doch einmal, sehr selten, Pyritgerölle sehr wohl Einschlüsse von „primärem“ Gold enthalten können (Abb. 98). Man wird einwenden, daß es sich dabei um zufällige, gerade tangierende Schnittlage in Wahrheit aufgelagerter Goldkörner handle. Das trifft sicher dann nicht zu, wenn, wie in mehreren Fällen leicht feststellbar, das Einschlußgold erheblich weißer als das gewöhnliche Gold ist. In Quarzgeröllen habe ich aber auch bei großer Sorgfalt tatsächlich bisher primär eingeschlossenes Gold nie finden können. Die Tatsache – schon bei YOUNG festgestellt –, daß die Quarzgerölle fast immer keine Einzelkörner, sondern subparallele Rekristallisationsaggregate sind, also wenigstens im kleinen Umfang einen Lösungsumsatz erlitten haben, könnte die Erklärung geben.

Über die Art der Verwachsungen des gewöhnlichen, also umgelagerten Goldes kann ich zwar nicht viel Neues sagen, doch mögen einige recht instruktive Bilder hier gezeigt werden!

In den Abb. 99, 100, 101, 102, 106 sehen wir die gewöhnlichsten Formen des Auftretens von Gold in besonders reichen Partien. Es ist klar sichtbar, daß Gold in seiner jetzigen Form meist noch jünger ist als die gegenüber den Pyritkonkretionen bereits jüngeren Fortwachsungen klarer Pyrite. Ja, es sind diese manchmal schon zerbrochen gewesen, als die Hauptmenge des Goldes sich absetzte. Dabei kommen klare „Verdrängungen“ des Pyrits häufig (Abb. 105) und in großem Umfang vor. Gerade hier ist Gold sehr oft mit Skutterudit vergesellschaftet (Abb. 107, 108), der etwa gleichalterig mit dem Gold ist, manchmal auch deutlich jünger. Das Photographieren von Skutterudit neben Pyrit ist begreiflicherweise recht schwierig, gelingt aber bei geeigneter Filterwahl leidlich. Eine Betrachtung mit Filter kann übrigens auch bei subjektiver Beobachtung zweckmäßig sein, um Pyrit-Skutterudit bzw. Pyrit-Linneit und damit auch Skutterudit-Linneit zu kontrastieren. Gelegentlich verdrängt Gold auch Magnetkies (Abb. 109), was für die altersmäßige Einstufung des Goldes von Bedeutung sein kann, allerdings ist sehr wohl denkbar, daß die Magnetkiesbildung nicht überall gleichalt ist, ja daß an derselben Stelle sie mehrfach erfolgte. – Einmal war auch festzustellen, daß in der alleruntersten Partie eines Reefs zwischen einer Pyritknolle und der eigentlichen Liegendgrenze liegende Goldkörner noch deformiert waren, also eine gewisse Bewegung des Reefs gegenüber seinem Liegenden noch nach dem Golde erfolgte.

Daß Gold in kleinen Flittern vielfach in Sprüngen des Pyrits abgesetzt ist, ist ja allgemein bekannt (Abb. 103, 104, 11), es ist dies vielleicht die gewöhnlichste Art der Verteilung des Goldes. Ähnlich häufig sind selbständige feine Flitter im sericitischen und kieseligen Bindemittel der Konglomerate. Sie sind oft in Scharen gehäuft.

Etwas genauer eingegangen muß aber werden auf einige Formen des Auftretens von Gold, die anscheinend weniger bekannt, mindestens mikroskopisch weniger leicht erfaßt sind. – Innerhalb geschlossener Pyritmassen ist Gold sehr selten, dagegen ist es in der Nähe von

[1]) Es hat sich allerdings gezeigt, daß diese oft als Kriterium benutzte Angabe nur im sehr großen Durchschnitt zutrifft. Lokal können sehr erhebliche Abweichungen bestehen, wodurch die Sache etwas an Auffälligkeit verliert.

deren Peripherie nicht ungewöhnlich. Genauere Beobachtung, die durch leichte Anätzung des Pyrits noch unterstützt werden kann, zeigt, daß die Goldkörnchen stets auf der alten Oberfläche der Gerölle oder Konkretionen aufsitzen und erst durch jüngere Pyritfortwachsungen eingehüllt wurden (Abb. 13). Diese Form des Auftretens ist anscheinend in einigen Reefs bevorzugt häufig (Black Reef, F. E. R., Basal Reef, O. F. S.) und anderswo selten. – In den lockeren Pyritkonkretionen des S. 18 beschriebenen Typs ist Gold oft in feinsten Flittern enthalten. Es ist hier zweifellos von außen hineindiffundiert, wie die Verteilung in bezug auf die Nähe der Peripherie beweist. Die Eindringtiefe ist natürlich nicht genau anzugeben, sicher auch nach Temperatur und Durchlässigkeit verschieden, vielleicht etwa 0,2 mm, aber jedenfalls geringer als die des manchmal in ähnlicher Weise auftretenden Kupferkieses und Millerits (Abb. 49, 52). Im Basal Reef kann sie auch das ganze Korn erfassen.

Auf die Vergesellschaftung von Gold mit „kohliger Substanz" ist dort eingegangen.

Magnetkies und Pentlandit

Magnetkies ist am Witwatersrand zwar öfters im Schrifttum erwähnt, Pentlandit wenigstens ein paarmal genannt, aber auf die Eigenart und Wichtigkeit ihrer paragenetischen Stellung kaum, wenn überhaupt, eingegangen. Dabei ist beider Vorkommen besonders rätselvoll und gleichzeitig wichtig.

Magnetkies findet sich einmal in winziger Menge, aber sehr verbreitet und zwar in allen mir vorliegenden Reefs und im ganzen Areal in rundlichen Einschlüssen in sicher alten Pyritgeröllen. Er ist hier oft allein, oft mit Kupferkies vergesellschaftet, ganz selten und spurenhaft auch mit Zinkblende oder Cubanit, *nie* aber mit Pentlandit, vgl. Abb. 110, die das größte von mir beobachtete Korn dieser Art darstellt. Es ist das ein Vorkommen, wie es in Tausenden von Pyriten hydrothermaler Herkunft bekannt ist, z. B. in Goldquarzgängen, und zeigt neben vielem anderen, daß diese Pyritgerölle eben wahre Gerölle sind. Ganz selten finden sich, gelegentlich sogar gehäuft, auch im Quarz alte Einschlüsse winzigster Kristalle. Wir brauchen uns mit diesem Teil nicht weiter zu beschäftigen.

In viel größerer Menge findet sich ein erheblich jüngerer Magnetkies an vielen Stellen, aber keineswegs überall und sowohl in vertikaler wie lateraler Hinsicht begrenzt. An Hand meines Materials, das aber vielleicht noch keinerlei Verallgemeinerung zuläßt, scheint Magnetkies die tieferen Reefs des C. R., E. R. und F. E. R. zu bevorzugen. Daneben wird sich – darüber sichere Aussagen zu machen, reicht aber mein Material nicht aus – eine weitere Bevorzugung der Nähe der größeren Eruptivgänge feststellen lassen.

Die Menge kann gemessen am Pyrit ganz untergeordnet sein, er kann aber auch den Pyrit völlig vertreten. An sehr vielen Stellen ist zu erkennen, daß Magnetkies den Pyrit in allen Stadien verdrängt (Abb. 115, 116), meist aber füllt er oft unmittelbar daneben nur Zwickel aus, ohne, scheinbar wenigstens, den Pyrit in irgendwelcher Form zu beeinflussen. Auch in den Verdrängungspartien erweisen sich die Pyritreste bei starker Vergrößerung kristallographisch begrenzt, das heißt, daß nachträglich eine Sammelkristallisation des Pyrits die Verdrängungsstrukturen wieder etwas verschleiert hat. Das kann natürlich auch bedeuten, daß in den Fällen einfacher Zwickelfüllung oder Umhüllung eine leichte Verdrängung stattgefunden hat. Altersmäßig ist festzustellen, daß Magnetkies weit jünger ist als die „klaren" Pyritfortwachsungen und *in situ* gebildeten selbständigen Kristalle; er ist damit jünger auch – selbstverständlich – als die Uranpecherzgerölle, weiter jünger als die „Geister"-bildung, aber auch jünger noch als mindestens ein Teil der kohligen Substanz (soweit beobachtbar immer!). Es ist denkbar, daß Magnetkies selbst in mehreren Generationen auftritt, die eben gezeigte Altersfolge wird dadurch aber nicht eingeschränkt.

Nicht ganz eindeutig ist die Altersbeziehung zu den umgelagerten Erzen, also Kupferkies, Bleiglanz, Zinkblende, Gold. Magnetkies ist praktisch gleichalterig mit ihnen, wechselweise Umhüllungen kommen vor. Nicht eindeutig ist auch das Verhältnis zu den jüngsten Pyritfortwachsungen; dabei könnten „supergene" Vorgänge[1]), die ja allgemein als Vorläufer der Oxydation aus Magnetkies Pyrit entstehen lassen, manchmal das Bild verschleiern.

Der Magnetkies zeigt nicht in allen Fällen die gleichen Eigenschaften. In rund der Hälfte der magnetkiesführenden Proben ist er stets vollkommen homogen; sonst zeigt er, oft in hervorragender Schönheit, die ja erst bei großer Sorgfalt erkennbaren hellbraun geflammten Lamellen, deren Bezeichnung durch den häufigen und wechselnden Gebrauch von α, β, γ ohne saubere Erklärung im Schrifttum glücklich soweit ist, daß keiner mehr weiß, was gemeint ist! Abb. 112 zeigt sie bei + Nicols sehr schön, meist ist aber der relative Anteil der helleren (die zufälligerweise hier auch bei + Nicols heller sind) größer. – Nach mehreren Untersuchungen, z. B. von KISKYRAS, steht das Auftreten solcher Lamellen überhaupt in gewisser Beziehung zur Bildungstemperatur; niedrig temperierte Magnetkiese sind frei davon, hoch temperierte können sie führen oder auch nicht. Da jeder Hinweis auf mögliche geologische Thermometer hier wichtig sein kann, sei auch diese vielleicht sehr speziell erscheinende Beobachtung registriert.

Sehr überraschend ist das stetige, d. h. keinem Magnetkieskorn von gewisser Größe ab fehlende Auftreten von // (0001) eingelagerten *Pentlanditflammen* (Abb. 111). Diese sind ja normalerweise beschränkt auf sehr hochtemperierte „Nickelmagnetkies"vorkommen und einige wenige, ebenfalls sehr hochtemperierte Kieslagerstätten (etwa Outukumpu). Die Erscheinungsform und auch Häufigkeit entspricht am Witwatersrand völlig den genannten Vorkommen, so daß man eine temperaturbedingte Konvergenz wird als sicher annehmen können. In ganz wenigen Proben, dort aber häufiger, sind peripher liegende „Flammen" nach außen in guten Pentlanditkristallen weitergewachsen, was, die Deutung der Pentlanditflammen als Entmischungen als höchstwahrscheinlich auch hier zutreffend vorausgesetzt, recht schwierig zu erklären ist, jedenfalls nach der Entmischung einen sehr langsamen Temperaturabfall voraussetzt oder aber meines Erachtens wahrscheinlicher – ein Weiterwachsen bei einer Wiederaufheizung bedeutet.

Die größte Frage ist aber die: Wo kommt das Nickel her? Sie berührt das grundlegendste Problem der Witwatersrandvererzung überhaupt. Meine frühere Ansicht, daß hier einmal wirklich die Eruptivgänge die Stofflieferanten gewesen sein könnten, glaube ich nicht aufrechterhalten zu können. Einmal weil die Verbreitung viel zu allgemein und vor allem ganz gleichartig in der Erscheinung ist, dann aber, weil das Vorkommen von winzigen Milleritaggregaten in den lockeren Pyritkonkretionen (s. S. 18) viel verbreiteter ist, als man es ahnte, und außerdem lokal wenigstens ein Co-Ni-Linneit mit einer Altersfolge nicht gesicherter Stellung, aber jedenfalls älter als Magnetkies, recht häufig ist. Bei der vom normalen Nadeltyp völlig abweichenden Form, der Vergesellschaftung mit Kupferkies und dem Einschluß in sehr schwierig zu polierenden Pyritmassen wird man auch in Zukunft über den Millerit leicht hinwegsehen. Jedenfalls könnte Dissoziation des Millerits und Linneits wohl ungefähr die Pentlanditmenge im Magnetkies erklären.

Seltenere authigene sulfidische Komponenten

Mit Sicherheit sind an selteneren Sulfiden bekannt bzw. zum erstenmal hier erwähnt: Kupferkies, Bleiglanz, Zinkblende, Skutterudit, Millerit, Linneit, Rotnickelkies. Dazu kommen noch einige sehr seltene und in winziger Menge vorhandene, aber sämtlich mehrfach

[1]) Im Bergbau können durch Einfluß von Bewetterung und Grubenwässern an nur wenige Wochen alten Stößen bei Magnetkies „supergene" Veränderungen einsetzen.

beobachtete Mineralien, nach dem sehr hohen Reflexionsvermögen wahrscheinlich Verbindungen der Edelmetalle. Die früheren Angaben beziehen sich oft auf Untersuchungen von Konzentraten und könnten damit tatsächlich auch manches Mineral erfassen, das im Anschliff des Roherzes anzutreffen sehr unwahrscheinlich ist. Es scheint mir aber, daß bei der Mineralbestimmung hier manchmal eine großzügige Analysenverrechnung mitwirkte. So wird beispielsweise *Rotnickelkies* einmal als ziemlich häufige Komponente erwähnt, was positiv falsch ist, mindestens stark irreführend, falls nämlich ganz ausnahmsweise lokal einmal eine ungewöhnliche Anreicherung vorlag. Ich selbst beobachtete ihn ein einziges Mal in einem kleinen Korn in rund 120 gründlichst durchgearbeiteten Schliffen.

Kupferkies zeigt keine Besonderheiten, Entmischungseinschlüsse von Zinkblende oder Valleriit sind nie, Cubanit nur selten und klein, aber sicher festgestellt. Wie gewöhnlich ist Kupferkies xenomorph und ohne charakteristische Altersstellung. Im allgemeinen scheint sein Transport mit der Hauptmasse des Goldes übereinzustimmen.

Bleiglanz ist in kleiner Menge sehr verbreitet und bei DAVIDSON & BOWIE wie DAVIDSON ausführlicher besprochen. Die Angabe bei diesen, daß vom Gesamtblei des Witwatersrands rund 40% radiogenen Ursprungs sei, gibt ja an sich keinen Hinweis auf die Bindungsart. Tatsächlich scheint aber praktisch alles, auch das radiogene Blei, jetzt als Bleiglanz vorzuliegen, was ja auch in einigen anderen Uranlagerstätten weitgehend zutrifft. Für einen Fall konnte das bei Bröckchen „kohliger Substanz", die mikroskopisch weder Uranpecherz noch Bleiglanz erkennen ließen, elektronenmikroskopisch nachgewiesen werden, die Aufnahme zeigte (in Analogie zu Abb. 94) massenhaft Bleiglanzwürfelchen. Viele Abbildungen des Uranpecherzes lassen die Bleiglanzdurchstäubung sehr gut erkennen, einige andere (Abb. 65, 69) auch Verkittungen mit ihm. Manche Proben führen auch abseits von Uranpecherz und kohliger Substanz Bleiglanz, z. B. auch neben Kupferkies und Gold in den Außenteilen der „porigen Pyritknollen". Eine gewisse Anreicherung von Bleiglanz nach den Liegendpartien der Reefs zu scheint sicher zu bestehen, was auf geringen Transport auch des nicht radiogenen Bleis hindeutet.

Zinkblende ist viel weniger verbreitet als Kupferkies, Bleiglanz und Magnetkies, aber auch einige der „selteneren" Komponenten. Wenn bei DAVIDSON & BOWIE einmal gesagt ist, daß sie überall reichlich sei, wird man den Verdacht nicht los, daß manchmal Rutil als Zinkblende angesehen wurde. – Immerhin: Zinkblende kommt in manchen Schliffen vor (notiert wurde sie besonders für solche vom Main Reef, F. E. R. und C. R.) und ist in den Proben des Basalkonglomerats des Black Reefs fast ausnahmslos und zum Teil reichlich vorhanden. Die Unterscheidung von Rutil fällt bei Ölimmersion recht leicht, wo das Reflexionsvermögen eben doch erheblich niedriger ist. Die Innenreflexe sind, was bei dem Schwefelreichtum in den meisten Fällen verständlich ist, sehr hell. Einige Kupferkieskörperchen sind eigentlich immer vorhanden. – Zinkblende ist durchaus xenomorph und altersmäßig etwa so alt wie Kupferkies und die Hauptmenge des Goldes.

Fahlerz wurde nur in sehr wenigen Körnern in zwei Schliffen, beide vom Main Reef, erkannt und zuverlässig bestimmt.

Millerit. In manchen porigen Konkretionen findet sich in Verteilung und Form dem Kupferkies gleichend und ebenfalls auf äußere Partien beschränkt, also infiltriert, dazu meist lokal gehäuft, eindeutig erkennbar Millerit. Er ist aber leicht zu übersehen, da er nur ganz ausnahmsweise und auch dann nur in Andeutung etwas von nadeliger Entwicklung zeigt. Die Anisotropie und der Reflexionspleochroismus besonders in Öl, zusammen mit dem starken R.V. sind aber auffallend und charakteristisch, so daß Verwechslungen – abgesehen von dem im nächsten Absatz genannten Mineral – kaum möglich sind. – Die Erkennung von Millerit, der sicher auch von mir noch in der Mehrzahl der Fälle übersehen wurde, ist wichtig, weil er als unmittelbarer Stofflieferant des Pentlandits im Magnetkies in Frage kommt. Einmal wurde eine recht große Partie als Einschluß in einem ebenfalls ungewöhnlich großen Pentlanditeinschluß im Pyrit gefunden.

Unbestimmbares milleritähnliches Mineral. Außer dem Millerit kommt in ganz gleicher Verteilung und mit sehr ähnlichen Eigenschaften, anscheinend aber neben ihm, ein Mineral vor, das, relativ leicht durch den Vergleich mit dem umgebenden Pyrit feststellbar, deutlich höheres Reflexionsvermögen (in allen Stellungen heller als Pyrit!) besitzt. Es scheint eine Edelmetallverbindung zu sein (Abb. 118).

Skutterudit ist schon S. 30 behandelt. Hier sei nur auf eine eigentümliche orientierte Um- und Durchwachsung von Pyrit mit ihm aufmerksam gemacht, die wohl auf Verdrängung zurückgeht. Dabei sei daran erinnert, daß 3 a_0 von Pyrit fast genau 2 a_0 von Skutterudit entsprechen (Abb. 119).

Der bisher übersehene *Linneit* ist neben Skutterudit und Pyrit schwer erkennbar, kann aber mit starkem Blaufilter, durch das sein rotbetontes Reflexionsvermögen stark gedrückt wird, erkannt und auch leidlich gut photographiert werden (Abb. 119). Es ist anzunehmen, daß er Stellen bevorzugt, an denen As sehr zurücktrat. Demgemäß wird er nicht mit Skutterudit zusammen vorkommen. — Auf einige weitere, nur in winziger Menge beobachtete und bisher nicht bestimmbare Erze ist nicht eingegangen.

Rutil

Das Vorkommen des authigenen Rutils ist in seiner Bedeutung bei dem Pseudomorphosenpyrit bereits teilweise behandelt worden. Dort Gesagtes soll möglichst wenig wiederholt werden.

Authigener Rutil ist in enormen, aber doch sehr wechselnden Mengen überall verbreitet, hauptsächlich bildet er dabei wirre Büschel von prismatischen bis gedrungen nadeligen Kristallen (sichtbar in vielen Abbildungen). Zwillingsbildung oder gar Zwillingslamellierung tritt im Gegensatz zum allothigenen Rutil ganz zurück. Die Innenreflexe haben meist die charakteristische Rutilfarbe, doch gibt es Fälle, wo sie ungewöhnlich hell sind, man also an Anatas denken könnte, wenn nicht die Bireflexion so stark wäre. Neben den säuligen Formen sind besonders in den Pseudomorphosen Aggregate rundlicher Körner häufig.

Sehr bemerkenswert ist, daß auch im Liegenden, anscheinend überall, massenhaft Rutil, der sicher stofflich einem Ilmenit- oder Titanomagnetitinhalt entspricht, vorhanden ist, hier oft neben sehr spärlichem oder praktisch fehlendem Pyrit, d. h. der Fe-Gehalt ist in die Reefs abgewandert.

Von den Rutilbüscheln, -Knäueln, -Pseudomorphosen sieht man sehr oft feinste Rutilnadeln hineinspießen, nicht nur ins quarzige umgelagerte Bindemittel – was nicht überraschend wäre –, sondern auch in sicher alte Quarze großer oder kleiner Gerölle (Abb. 120, 121). Dabei werden manche Quarze bevorzugt, andere nie betroffen. Es gibt Fälle, wo das Einwandern nur dort stattfindet, wo das betreffende Quarzgeröll offenbar unter Zwang stand (bzw. eventuell noch steht), z. B. wo eine Ecke auf ein anderes Geröll aufgepreßt ist. Es kommt auch vor, daß nußgroße Gerölle auf ihrer ganzen Peripherie von Rutil bis zu vielleicht ½ mm Tiefe durchspickt sind. Solche Gerölle haben dann einen dunklen Saum, im ersten Augenblick an Rauchquarz erinnernd. Es ist aber gar keine Rede davon, daß, wie der Verfasser zeitweise meinte (18, S. 17), dunkel gesäumte Gerölle *stets* Rutileinwanderung zeigten. Andererseits kommen in ungeheurer Menge Quarze, meist mit recht auffallenden Blauquarzeigenschaften vor, die bereits im Augenblick der Konglomeratbildung durch und durch mit feinsten Rutilnadeln in verschiedenen Typen durchspickt waren. Auch hier gäbe sich vielleicht ein Weg, eindeutige Rückschlüsse auf Herkunftgesteine der Gerölle zu ziehen.

Doch zurück zu den „eingewanderten“! Daß sie eingewandert sind, ist einmal an der Abhängigkeit von Rutilhaufen zu erkennen, dann dadurch, daß sie auf eine dünne Zone parallel der ja rein zufälligen Oberfläche beschränkt sind. Natürlich gibt es — besonders bei kleinen Geröllen — oft keine sichere Unterscheidungsmöglichkeit zwischen eingewandert und primär.

Die mikroskopischen Bilder sind in beiden Fällen sehr ähnlich und oft von besonderer Schönheit (Abb. 121, 122, 123). Da eine umfassendere Arbeit über die Verwachsungsgesetze von Rutil im Quarz und ihre Mechanik aus der Feder von Dr. von Vultée in Aussicht steht, sei auf diese Frage hier nicht eingegangen.

Chloritoid

Das Vorkommen von Chloritoid ist bei Young gründlich behandelt. Wenngleich es außerhalb des Rahmens dieser Arbeit liegt, Silikate zu behandeln, soll dieses Mineral genannt werden, zum Teil auch, weil es erzmikroskopisch so charakteristisch auffällt (Abb. 124, 21, 61, 64). Die Arbeit von Young erweckt vielleicht den Eindruck, daß Chloritoid allgemein verbreitet sei — das ist keineswegs der Fall! Er ist in einigen Reefs massenhaft (Abb. 124), fehlt anderswo unter scheinbar denselben Verhältnissen ganz. Der Verfasser hat den Eindruck, daß Chloritoid beschränkt ist auf Reefs, die in der Schichtfolge (Govt. Reef, Main Reef) tief liegen, oder wo eine sehr hohe Überdeckung oder stärkere Erwärmung aus anderen Gründen anzunehmen ist. Das heißt, daß Chloritoid ein Leitmineral für hohe Temperatur und hydrostatischen Druck sein könnte. Leider wird, wie mir von befreundeter Seite mitgeteilt wird, das System, in dem Chloritoid als Komponente zu erwarten ist, erst im nächsten Jahr vom Geophysical Laboratory in Angriff genommen werden. Dann sind vielleicht quantitative Auswertungsmöglichkeiten zu erwarten.

Da tektonische Durchbewegung in den Gesteinen des Witwatersrandes zwar — wie z. B. die Druckschattenbildung in Abb. 6 zeigt —keineswegs ganz fehlt, aber doch nur geringe Ausmaße gehabt haben kann, muß ich mich der Ansicht von Gustavson (10), daß Chloritoid nicht unbedingt ein Stressmineral zu sein braucht, ganz entschieden anschließen.

Es kann noch erwähnt werden, daß auch die feinkörnigen Gesteine des Liegenden Chloritoid, oft in riesiger Menge, führen, sofern das überlagernde Reef solche enthält.

Verschiedene Vererzung in den einzelnen Reefs

Dem Verfasser liegt natürlich längst nicht genug Material vor, um einigermaßen zuverlässige Vergleichsschlüsse ziehen zu können. Vor allen Dingen ist ihm auch nichts bekannt, nicht einmal andeutungsweise, von den Ergebnissen, die aus den abertausenden von Vollanalysen der Grubenlaboratorien gewonnen werden können und sicher auch worden sind. Immerhin fielen einige genetisch wichtige, vielleicht bisher etwas wenig beachtete Dinge auf. — Die Mineralführung und auch Strukturen und Texturen sind zunächst in den Konglomeraten des enormen Schichtenpakets vom Govt. Reef bis Black Reef überraschend ähnlich, worauf immer schon hingewiesen wurde. Doch gibt es einige, wie mir scheint, gesetzmäßige Änderungen:

In den tiefsten und zentral gelegenen Reefs ist Chloritoid besonders häufig.

Magnetkies ist — natürlich in seiner Hauptphase — mindestens stark bevorzugt — wieder im Main Reef des C. R. und F. E. R. entwickelt und wohl wie Chloritoid ein Anzeichen hoher Temperatur bei der Metamorphose.

Konkretionen und große Gerölle sind an vielen Orten reichlich, scheinen aber bevorzugt im Basal Reef im O. F. S., zum Teil im Kimberley Reef, ganz besonders aber in den verschiedenen Horizonten des Black Reefs verbreitet zu sein. Dazu ist aber in den letzten, was an sich ja zu erwarten ist, eine viel größere Vielgestaltigkeit der „pseudomorphosierten", d. h. pyritisierten Gesteine festzustellen.

Die „selteneren" Komponenten wie Gold, Uranpecherz, Platinoide sind oft gehäuft, was bei jeder Seifenhypothese ja zu erwarten wäre. *Mit* ihnen gehäuft sind aber auch wie Gold sicher umgelagerte Mineralien, z. B. Skutterudit, Linneit, Kupferkies, Bleiglanz u. a.

Zinkblende bevorzugt sehr entschieden das Black Reef. Einige ganz seltene Mineralien können nur ganz lokal vorkommen, dort aber recht häufig sein.

Weitere Unterschiede liegen beispielsweise eindeutig vor in der Stärke der Überkrustung der Pyritgerölle durch „klaren" Pyrit, die gelegentlich fast Null sein kann, in den Rekurrenzen der Pyritbildung, wie daß in einigen Fällen „klarer" Pyrit als Krusten wie als Einzelkristalle vor und nach „kohliger Substanz" und vor und nach Magnetkies im selben Stück vorkommen, und in der relativen Häufigkeit der skelettförmigen bis extrem porösen Pyritverwachsungen. In allen Fällen ist das Beobachtungsmaterial lange nicht umfangreich genug, um Gesetzmäßigkeiten schon aufzeigen zu können.

Jedenfalls bestehen hier noch äußerst aussichtsreiche Arbeitsmöglichkeiten!

Kurze Diskussion der Ergebnisse

Manche Einzelbeobachtung aus der Zahl der im vorausgehenden mitgeteilten Ergebnisse mag für den an Ort und Stelle arbeitenden Spezialisten eine Bedeutung gewinnen, die der Verfasser keineswegs übersieht, andere, ihm wichtiger erscheinende mögen in Wahrheit viel uninteressanter sein. Vom genetischen Standpunkt, d. h. im Zusammenhang mit der Vielzahl der Bildungshypothesen und ihrer Folgerungen scheinen besonders folgende Beobachtungen neue Gesichtspunkte in die Diskussion zu bringen.

1. *Uranpecherz* ist als eindeutiges Geröll und ausgesprochener Schwergemengeteil in die Konglomerate gelangt. Die Tatsache, daß jetzt ein wesentlicher, vielleicht auf große Sicht der überwiegende Teil des Urans in der „kohligen Substanz" steckt, ändert an der Tatsache nichts, daß auch dieses letzten Endes aus Geröllen stammt. Der Nachweis der in enormer Zahl auftretenden „Geister" von Uranpecherzgeröllen scheint da besonders bedeutungsvoll. Zudem ist wichtig der Hinweis, daß jedenfalls ein sehr wesentlicher Teil des Urans in dem sogenannten „Thucholith" noch gar nicht gelöst, sondern in unverdauten Relikten von Uranpecherz darin enthalten ist. Die „kohlige Substanz" wanderte zunächst bevorzugt zu den Uranpecherzgeröllen, d. h. besonders in die liegendsten Teile des Reefs.

Sicherlich haben DAVIDSON & BOWIE solche Gerölluranpecherze gesehen, aber in der Überzeugung, daß Uranpecherz sich nicht in Seifen halten könne, als zugeführte Pechblenden mit Kugelstruktur angesehen. Der Verfasser hat mit großer Sorgfalt nach eindeutigen jungen, d. h. bei den (pseudo-) hydrothermalen Umlagerungen miterfaßten Pechblenden gesucht, ohne Erfolg! Falls es solche gibt, was bei den vorauszusetzenden pt-Bedingungen an sich durchaus denkbar wäre, können sie nach Menge und Verbreitung nur eine *sehr* geringe Rolle spielen.

Die Tatsache, daß Uranpecherz im allgemeinen schnell verwittert und sich nicht in Seifen anreichert, braucht aber durchaus nicht unbedingt auf der chemischen Empfindlichkeit von UO_2 in allen Fällen zu beruhen. Tatsächlich wissen wir praktisch *nichts* darüber, wie sich ein *neu*gebildetes, grobkristallines, *nicht* kolloidal gefälltes und damit weder durch die Fällungsart, noch durch die radioaktiven Zerfallsvorgänge aufgelockertes UO_2 gegen Verwitterung und Lösung und eventuellen Seifentransport verhält. Was als Vergleichsobjekt herangezogen wird, sind erstens meist Pechblenden kolloidaler Entstehung und damit außerordentlich großer innerer Oberfläche, zweitens solche, die mindestens etwa karbonischen (~ 250 Mill. Jahre) oder erheblich höheren Alters sind. In ihnen ist das Gitter weitgehend gestört und aufgelockert, wenn auch, wie V. M. GOLDSCHMIDT darlegte, keine volle Isotropisierung wie etwa bei vielen Orthiten, Gadoliniten, Samarskiten eintrat, weil das entionisierte Uranatom sich sofort wieder Sauerstoff einfängt, also das *Pulver*diagramm immer noch deutlich kristalline Kennzeichen besitzt. Tatsächlich liegt dann auch bei grobkristallin erscheinenden Uraniniten schon ein meist submikroskopisch feinkristallines Aggregat vor. Man erkennt das auch erzmikroskopisch dort, wo in einigen Fällen (z. B. Grampound Road in Cornwall, Shinkolobwe) sehr bald nach der Bildung tektonische Beanspruchung erfolgte, die das ganze Korn in Spaltungssplitter zerlegte, die später, d. h. subrezent einsetzende Verwitterung sich aber absolut nicht mehr um diese recht gute Spaltbarkeit kümmert. Die Auflockerung beruht aber nicht nur auf der Bildung feinster Kristallite, sondern liegt bereits im Gitterbereich. Das entstehende, kolloidal verteilte atomare Blei nimmt an der Stelle des jeweils zerfallenen Uranions statt eines Durchmessers von etwa 1,9 Å etwa einen solchen von 3,6 Å ein. Auch das bedeutet, sobald die Zahl solcher Störungsstellen ein gewisses Maß erreicht hat, eine außerordentliche Zerrüttung des Gitters und seine erhöhte Empfindlichkeit.[1]) Die Erfahrung, daß es gegenüber Verwitterung viel beständigere Uranverbindungen gibt als Uraninit, braucht also nur zu bedeuten, daß in diesen abhängig vom geringeren Urangehalt die Gitterstörung einfach noch nicht so weit geht[2]), vielleicht auch, daß im betreffenden Gitter in größeren Zellen das neugebildete Blei bequemer Platz findet. Das trifft sinngemäß auch auf alle Verbindungen des ja erheblich langsamer zerfallenden Thoriums zu.

Feststellungen der Art, daß in rezenten Bergwerkshalden (Witwatersrand, Cornwall) Uranpecherz sich schnell löst, besagen gar nichts, da in den verwitternden Halden massenhaft Pyrit in feingepulvertem Zustand vorliegt, die zirkulierenden Lösungen also *sehr* stark sauer sind.

Die Berechnungen von DAVIDSON (4) über das geologische Alter des Urans vom Witwatersrand zeigen nun — so unsicher sie in den Absolutwerten sind —, daß *relativ* der Altersunterschied des Uranpecherzes gegenüber der Konglomeratbildung (*älter*, wenn die Placerists, *jünger*, wenn die Hydrothermals recht haben!) nur gering („shortly before") sein kann, d. h. in der Größenordnung $\ll$ 50 Millionen Jahre. — Wir dürfen also die Aussage: „Uranpecherz verwittert so schnell, daß es sich in Seifen nicht anreichern kann", nur machen, wenn wir mit gutem Gewissen hinzusetzen dürften: „auch wenn es geologisch ganz neugebildet ist und der gröber kristallinen Varietät[3]), also nicht der traubig-nierigen angehört". Diese Aussage können wir aber *nicht* machen.

Diese Ausführungen sind unabhängig von Annahmen, die etwa auf klimatische Möglichkeiten Bezug nehmen. Sehr niedrige Temperaturen und reduzierende Bedingungen könnten natürlich außerdem die Haltbarkeit erhöhen.

[1]) Natürlich kann, auf lange Sicht, dieses Pb± sich neue Partner, z. B. O oder in unserem Fall oft S einfangen. Die Zerrüttung des Gitters hat aber dann ja längst stattgefunden.

[2]) Bei UO_2 (88% U) ist jeder dritte Gitterplatz ein Uranplatz, bei einer (rein hypothetischen, nur zur bequemen Rechnung erdachten!) MgO-UO_3-Verbindung mit 40% U jeder 18., bei einer ebensolchen mit 20% jeder 51., mit 10% jeder 111. usw. Man erkennt den schnell abnehmenden Einfluß gerade dieses Anlasses der Verwitterbarkeit.

[3]) Es wird — vergl. z. B. DANAS System, Bd. I, S. 611 — vielfach angenommen, daß bei Uraninit „kristallin" soviel bedeutet wie pegmatitisch, und daß die hydrothermalen Vorkommen alle traubig-nierig seien. Das trifft keineswegs zu und ist z. B. für Shinkolobwe bereits aus den Abbildungen von THOREAU (28) oder auch von mir (17, Abb. 418) zu ersehen. Auch die Cornwallpechblende ist — jedenfalls in dem leider einzigen mir vorliegenden Stück — zum Teil grobkristallin, und selbst in relativ tieftemperierten Vorkommen wie Wittichen und Schneeberg finden sich Kristalle. „Kristalle" brauchen dabei noch keineswegs Th-haltig oder gar Th-reich zu sein. — Wenn übrigens die bei DAVIDSON angegebene Analyse mit 2,43% ThO_2 wirklich repräsentativ ist, müßte schon deswegen zwar nicht unbedingt ein pegmatitischer Uraninit, wohl aber ein sicher *kristalliner* und relativ hochthermaler angenommen werden. Die gewöhnlichen, traubig-nierigen und mäßig thermalen (Typus etwa Great Bear Lake oder Erzgebirge) haben kaum $^1/_{20}$ dieser ThO_2-Menge.

Die meines Wissens einzige Angabe über einen sehr jungen kristallinen Uraninit stammt aus dem Bergell (11), einem spätalpinen Granitstock (Alter wohl ~ 10 Millionen Jahre). Das von dort beschriebene Material entspricht in seinen Eigenschaften (z. B. „in dünnen Splittern prächtig braunrot durchscheinend"), so wenig dem, was wir von älteren Pechblenden kennen, daß wir auch hinsichtlich seiner Transportfähigkeit in Seifen äußerst vorsichtig sein sollten. –

Eine entscheidende Stütze dieser Ausführungen sind die Beobachtungen über gute oktaedrische Spaltbarkeit, die das Uranpecherz in vielen Körnern noch in dem Zeitpunkt zeigte, als es in das Konglomerat kam, bzw. während dessen Bildung zerdrückt wurde. Da Uranpecherz normalerweise keine Spaltbarkeit zeigt, muß es vermutlich bei der Konglomeratbildung (mindestens während derjenigen der älteren Reefs) noch ganz jung gewesen sein – was zu dem Gesagten durchaus paßt!

2. „*Kohlige Substanz*" muß sehr frühzeitig in die Konglomerate gekommen sein. Jedenfalls für einen wesentlichen Teil[1]) ist sie älter als die Magnetkiesbildung und auch als die Umlagerung der Hauptmenge des Goldes. Das Vorkommen großer Mengen radiogenen Bleiglanzes in gleichmäßiger feiner Verteilung bedeutet, daß auch der Verdauungsprozeß für das Uran geologisch sehr lange zurückliegen muß, während in der Feststellung des vorausgehenden Satzes ja nur eine relative Datierungsmöglichkeit enthalten ist, die erst auf größeren Umwegen auch absolut auswertbar sein kann.

Eine Herkunft aus Methan der Karrookohle ist jedenfalls völlig ausgeschlossen. Ob man etwa, halb nach der Idee der „Präzipitationisten", an bereits während der Witwatersrandzeit lebende Bakterienflora denkt oder an Exhalationen des Ventersdorpvulkanismus, darüber sind vorläufig entscheidende Kriterien noch nicht gefunden.

3. *Herkunft des Pyrits.* Entgegen fast allen Schrifttumsangaben ist jetzt nachgewiesen, daß ein großer Teil des Pyrits in abgerolltem Zustand, aber chemisch intakt in die Konglomerate kam, daß ein weiterer erheblicher Teil zwar ehemals aus anderen eisenführenden Mineralien und Gesteinen herzuleiten ist, aber bereits im pyritisierten Zustand als Geröll ins Konglomerat gelangte, und daß schließlich, in manchen Fällen sogar in riesigen Massen, sich kurz vor (praktisch während) der Konglomeratbildung Pyritkonkretionen bildeten. Alles bedeutet daß die Konglomeratbildung aus einem Medium erfolgte, das praktisch keine oxydierende Wirkung besaß, möglicherweise, in einigen Fällen wahrscheinlich, sogar selbst Pyrit aufzubauen in der Lage war.

Daß diese Pyritsedimentation in vielfacher Wiederholung in ganz ähnlicher Weise erfolgte, zeigt, daß entweder diese eigentümlichen Gegebenheiten lange Zeit wirksam waren, oder sich nach einem – zunächst geheimnisvollen – Rhythmus immer wiederholten.

Für einen bestimmten, oft leicht an der Pseudomorphosennatur erkennbaren, bzw. aus Rutilrelikten zu erschließenden Teil des Pyrits ist die Herkunft aus „black sand" sicher. Wann diese Bildung erfolgt ist, ist zeitlich nicht absolut festzulegen. Jedenfalls ist sie alt, älter als die Polymerisation der kohligen Substanz, älter erst recht als der Absatz des Goldes an seiner jetzigen Stelle. Mit Wahrscheinlichkeit ist die Pyritisierung des „Black sand", die Bildung kompakt kristalliner Krusten um die Gerölle und die Entstehung der „klaren" idiomorphen Kristalle gleichaltrig, da der jeweils dabei entstehende Pyrit gleiche Eigenschaften besitzt. – Auch hier bleibt die Frage, durch welche Umstände in den verschiedenen Reefs die Verhältnisse so ähnlich werden können.

Daneben gibt es noch einen skelettförmigen Pyrit, der sicher viel jünger ist und, mindestens manchmal, erst auf Gold, Magnetkies und andere sicher transportierte Sulfide folgte. Dazu kommen feine Kluftfüllungen, die praktisch zu jeder Zeit, zum Teil subrezent im Zusammenhang mit Oberflächenoxydation, entstanden sein können.

[1]) Diese Einschränkung soll *nur* bedeuten, daß bei dem Rest Feststellungen weder im einen noch anderen Sinn zu machen sind!

4. *Magnetkies* ist nur örtlich verbreitet, kann aber reichlich sein und lokal völlig den Pyrit vertreten. Seine Bildung scheint beschränkt auf ursprünglich sehr tiefliegende, vielleicht auch sonstwie erwärmte Gebiete. Die Entstehung aus Dissoziation von solchem Pyrit, der durch große innere Oberfläche besonders reaktionsfähig war, ist leicht zu verfolgen. Ein Teil dieses Magnetkieses ist etwas gewandert und kann idiomorphe „klare" Pyrite umhüllen oder verkitten, ebenso auch alle anderen älteren Mineralien. Der fast immer in ihm steckende Gehalt an Pentlandit – zunächst so sehr überraschend – entstammt einem besonders in den die Hauptmenge des Magnetkieses liefernden „porigen Konkretionen" oft vorhandenen Gehalt an Millerit.

Die Dissoziation von Pyrit (und dem in ihm enthaltenen Millerit) zu Magnetkies (und Pentlandit) ist sehr überraschend. Daß die Temperaturen dabei sehr hoch waren, ist außer der Verwachsungsform Magnetkies-Pentlandit auch an dem zweiphasigen Aufbau des Magnetkieses erkennbar. Aber auch dann überrascht die manchmal vollständige Pyritdissoziation doch sehr, da man ja mit ganz enormen hydrostatischen Drucken rechnen muß, die das Dissoziationsgleichgewicht nach der Seite des Pyrits verschieben sollten. Ein Ausweg in der Richtung, daß ein S-aufnehmendes Medium vorhanden wäre, das die Magnetkiesbildung begünstigen könnte, ist nicht zu ersehen.

5. *Gold* ist (in Spuren!) gelegentlich als Einschluß in Pyritgeröllen enthalten und dann merklich weißer als das Gold der Hauptmenge. Gold dieser Art war anscheinend bisher immer übersehen worden. – Kleine, lokal immerhin wesentliche, von späteren Zufuhren nicht immer unterscheidbare Goldmengen sind sicher während, bzw. beim Beginn der Geröllfortwachsungen mit Pyrit auf der Grenze alter-junger Pyrit abgeschieden worden, in porige Knollen auch etwas eingewandert[1]). Weitaus die überwiegende Menge des Goldes ist an seine jetzige Stelle gelangt erst sehr spät, etwa gleichzeitig mit dem Absatz von Skutterudit, Linneit, Bleiglanz, Kupferkies und, wo vorhanden, Magnetkies. Der Transport kann nur ganz gering gewesen sein. Ist das Gold doch immer noch, wie man es bei einer Seifenbildung jedweder Art erwarten kann, überwiegend am Liegenden (oder auch an „falschen Liegenden") konzentriert, ja es folgt hier sogar noch ganz lokalen Zufälligkeiten im Untergrund.

6. *Chloritoid* kann in seiner Verbreitung offensichtlich als Hinweis für hohe Bildungstemperaturen gewertet werden. Dagegen ist eine Abhängigkeit von tektonischer bevorzugter Beanspruchung nicht festzustellen.

Das Vorkommen mancher bisher übersehener Mineralkomponenten, mannigfacher noch nicht beschriebener Strukturen und einiger Beziehungen sonst konnte weiterhin mitgeteilt werden.

Gedanken über mögliche Bildungsbedingungen

Auch derjenige, der der Beobachtung unbedingt den Vorrang zuerkennt gegenüber jeder Theorie oder Hypothese und weiß, daß auch wohlbegründete Theorien oft an *einer* zuverlässigen Beobachtung hoffnungslos zerbrechen können, wird sich ein Bild zu machen suchen, ob nicht irgendwelche Deutungsmöglichkeiten bestehen, die mit der Summe der Tatsachen in Einklang zu bringen sind, und welche sich von vornherein ausschließen.

Etwas, was aus dem im letzten Abschnitt Gesagten anscheinend eindeutig hervorgeht, ist das, daß keine der „klassischen" Hypothesen auch nur annähernd befriedigen kann, sondern daß entweder komplizierte Beziehungen angenommen werden müssen, oder hypothetische, außerhalb des Aktualitätsprinzips stehende Annahmen zu machen sind. Wenn auch in jenen extrem weit zurückliegenden Zeiten durchaus damit gerechnet werden kann, daß

[1]) Stellenweise sehr erheblich! In einigen Proben des Basal Reef's kann ein großer Teil des Goldes in dieser Form vorliegen (und so wohl Verluste bedingen!).

nicht alles so war, wie wir es heute beobachten oder geologisch wohlbegründet extrapolieren können, so würde diese zweite Möglichkeit zur größten Phantasie verleiten können.

Die „Placeristen" haben es erheblich schwerer als die „Hydrothermalen", unwidersprochen ihre Erklärungen zu den Beobachtungen zu geben oder gar Hypothesen zu verfechten. Jeder tatsächliche oder vermeintliche und zudem winzige Verstoß gegen die ja solid unterbauten Erfahrungssätze, gegen das, was heute noch beobachtet werden kann, wird gegenüber den Placeristen leicht zum Hebel, mit dem man nicht nur die Einzelkonsequenz, sondern auch die ganze Grundidee meint aus den Angeln heben zu können. — Die „Hydrothermalen" haben es leichter! DAVIDSON selbst sagt ganz richtig: „Unfortunately, whilst a great deal about the formation of placer deposits of all kinds is known, knowledge of the mechanism of hydrothermal ore genesis is distressing scanty". Damit können sie nach Belieben theoretisieren, ohne daß man ihnen an überprüfbaren Beispielen Fehler nachweisen kann. Und wenn einmal ein erkennbarer Lapsus passiert, kann er sofort durch eine noch weniger überprüfbare Hypothese „ausgebügelt" werden.

Die Überlegungen, die der Verfasser anstellte, führten ihn zu Ansichten, die jedenfalls denen der „Placeristen" näher stehen als denen der „Hydrothermalen".

Für eine hydrothermale Deutung sucht man vergeblich nach Zufuhrkanälen, man findet keine „Teufenunterschiede", weder lateral noch vertikal, was bei den enormen Verbreitungen und Mächtigkeiten unbedingt zu erwarten wäre. Was man eventuell dafür hätte ansehen können, die Verbreitung des Magnetkieses nämlich, erweist sich als Folge nachträglicher Versenkungsmetamorphose. Die Gehalte der Schwermineralien, die hydrothermal gebildet sein sollen, finden sich gerade dort, wo auch die eindeutig sedimentären Schwermineralien Osmiridium, Chromit, Zirkon sich finden. Die hydrothermale Hypothese bringt hier Mineralien als isogenetisch zusammen, deren Paragenese doch sehr überraschend wäre: Pyrit-Uranpecherz-Gold-Arsenide und Sulfide von Co und Ni usw. — Das sind alles Einwände, die schon lange gemacht sind und die auch ohne das neue Beobachtungsmaterial sehr triftig wären. Zudem hat DAVIDSON selbst betont, daß alle am Witwatersrand gemachten geologischen Untersuchungen, Interpretationen und Voraussagen immer unter der stillschweigenden Voraussetzung sedimentärer Herkunft der Vererzung gemacht sind und doch ersichtlich von allergrößtem Erfolg waren. Gegen „hydrothermal" sprechen auch andere negative Argumente. So sind z. B. die hoch magnetithaltigen Schiefer (Govt. Reef shales), die den Ausgangspunkt der REINECKE-KRAHMANNschen Arbeiten bilden, obwohl sie immerhin 1500 m näher an den hypothetischen Quellen der Vererzung liegen, weder pyritisiert noch mit Gold oder Uran vererzt.

Das überraschendste neue Argument der „Hydrothermalen", das Uran, hat sich nun weit eher als Stütze der Placeristen erwiesen; dasselbe bedeutet der Nachweis, daß große Teile des Pyrits als Geröll ins Konglomerat kamen, ebenso wie die überwiegende Hauptmenge des Arsenkieses.

Aber: warum ist Pyrit bei der Seifenbildung nicht verwittert? Es sind ja neben Geröllen kompakter und ersichtlich sehr störungsfrei gewachsener Pyrite auch solche vorhanden, die durch Porenraum, Zonenbau, Fremdeinschlüsse zu schneller Verwitterung hätten prädestiniert sein sollen — sie sind völlig frisch geblieben. Mehr noch, es haben sich in vielen Fällen Konkretionen von Pyrit neugebildet, deren zarte Strukturen bei jedem energischen Transport hätten zerstört werden müssen. Wie ist ferner eine so vielfache gleichartige Sedimentationsfolge mit einer bis in viele Einzelheiten übereinstimmenden Vererzung entstanden? Es sind dazu nötig Oszillationen großräumiger und wohl epirogenetischer Art, wie das SHARPE sagt, daneben aber sie überlagernd kleinere, immerhin noch gleichartig weite Gebiete umfassender Natur. Bei allen diesen Kleinoszillationen müssen ähnliche Bedingungen besonders klimatischer Natur sich wiederholt haben bzw. diese müssen vielleicht praktisch überhaupt gleichgeblieben sein. Ob die Sedimentation aus dem Süß-, Brack- oder Meerwasser erfolgte, ist zunächst gleichgültig, ebenso ob die Konglomeratlieferung aus mächtigen Deltabildungen von Flußsystemen mit relativ schneller Strömung und starkem Stofftransport, oder aus Wässern, die wie die Wasserläufe der Urstromtöler von Gletschern genährt wurden, stammte, oder aus abschmelzenden Eiskappen ± unmittelbar herzuleiten ist.

Wenn man die Annahme macht, für die vieles spricht, daß sehr bald nach ihrem Absatz die Geröllpyrite weiterwuchsen und ebenso der „schwarze Sand" pyritisiert wurde, ist zu vermuten, daß die Wässer süß, mindestens wenig salzig gewesen sind, weil die Liegendschichten gegenüber der Wasserzirkulation schon in dünner Schicht abdämmend wirkten, was – wie gerade W. v. ENGELHARDT (6) experimentell bestimmte – bei reinem Wasser *sehr* viel schneller und vollständiger als bei Salzlösungen eintritt. Damit wäre z. B. die Nichtpyritisierung magnetithaltiger Schiefer verständlich.

Was später erfolgte: Die Zirkulation (nicht die Herkunft!) der Kohlenwasserstoffe, das mehrfache Weiterwachsen des Pyrits, die regional beschränkte Bildung des Magnetkies, die Umlagerung von Gold, Bleiglanz, Kupferkies, Skutterudit, die Verkieselungs- und Sericitisierungsvorgänge usw., scheint mir alles viel weniger problematisch zu sein. Alles erfolgt unter den pseudohydrothermalen Bedingungen der hohen Überlagerungstiefe bei enormen Drucken und Temperaturen.

Der Wechsel in der Überlagerungsmächtigkeit und in der durch verschiedene Urangehalte bedingten radioaktiven Aufheizung, weiter die sehr verschieden intensiv wirkenden magmatischen Intrusionen zu verschiedener Zeit bedingen die lokalen und regionalen, übrigens im Grunde geringen Verschiedenheiten, soweit sie natürlich nicht schon aus der ursprünglichen Sedimentation abzuleiten sind. Mehrfache Erwärmungsmaxima sind denkbar und wohl sicher; sie werden Rekurrenzen in der Umlagerungsabfolge bedingt haben. Solche sind z. B. zwischen Magnetkies und Pyrit wahrscheinlich zu machen.

Von genetisch nebensächlicher Bedeutung scheint mir zu sein, daß manche Reefs und Reefteile später wieder durch Erosion angeschnitten sind, und so lokal, unter Umständen zu gleicher Zeit und benachbart, zum Teil mehrfach, „Konglomerate zweiter Ordnung" entstanden sein können, ja ihr Vorkommen zwangsläufig zu erwarten ist. Dasselbe gilt auch für Anreicherungszonen in durchlaufenden Reefs, die durch solche Verhältnisse bedingt sind.

Manche Probleme, z. B. die Herkunft der Kohlenwasserstoffe und die Bildung der Pyritkonkretionen, wären leichter verständlich, wenn man in der fraglichen Bildungszeit bereits mit der Tätigkeit von Faulschlammbakterien rechnen, und andere, wenn, trotz der enormen Mächtigkeiten, man eine relativ kurzdauernde Bildungszeit annehmen könnte.

In ganz anderem Zusammenhang kommt H. BACKLUND (2) ja auch zu dem Schluß, daß bereits im Meer des Archaikums mit Organismen zu rechnen ist. Von besonderer Bedeutung ist weiter eine mir bisher nur als Zeitungsnotiz bekannte Mitteilung, daß ganz neuerdings (Februar 1954) in einem Quarzit archaischen Alters eindeutige Pflanzenreste gefunden wurden; HURLEY soll das Alter dieser Quarzite auf 2,1 Milliarden Jahre bestimmt haben.

Die Herkunft der Elementparagenese scheint mir eher polygen, als von einem Gangtypus ableitbar zu sein – trotz der Schwierigkeiten, die das relative Gleichbleiben der Vererzung in allen Reefs und überall bedingt. Viele Pyrit- und auch Arsenkiesgerölle entstammen zuverlässig Goldquarzgängen, die ja meines Wissens bisher nirgends als Uran-reich bekannt sind. Andererseits würden die Ni-, Co- und zum Teil As-Gehalte (letztere z. B. im Skutterudit) gut zu den Urangehalten passen und, man vergleiche Shinkolobwe, Bou Azzer, Chihuahua, Hüttenberg, auch einen gewissen Goldgehalt eventuell erklären. Aber – wir wissen nichts darüber! Schließlich hat ja die Lagerstättenforschung der letzten Jahre über die „klassischen" Paragenesen hinaus so viel Neues und Überraschendes geliefert, daß man tatsächlich auch einen, bisher unbekannten Typ voraussetzen könnte.

Zusammenfassung

Die geologische Deutung der Erzführung der Konglomerate des Witwatersrandes ist sehr umstritten. DAVIDSON hat neuerdings besonders auf Grund des gemeinsamen Vorkommens von Gold und Uran gewichtige Argumente für die „Hydrothermalen" und gegen die „Placeristen" gebracht. Der Hauptpunkt ist die Überlegung, daß das Uranpecherz sich wegen seiner leichten chemischen Zerstörbarkeit nicht in Seifen anreichern könnte, also mit Gold später zugeführt sein müsse. Gleiches soll für den Pyrit gelten, da die gewöhnliche Annahme, er entstamme von „black sand", wegen zu niedrigen TiO_2-Gehaltes unmöglich sei.

Genaue mikroskopische Untersuchungen von reichem Material in ausgezeichneten Anschliffen erwiesen eindeutig, daß die meisten Argumente DAVIDSONS nicht stichhaltig sind, wenn auch die Ergebnisse des Verfassers die Deutung sicher eher komplizierter als einfacher machen.

Uranpecherz ist tatsächlich in kleinen Geröllen in die Konglomerate gekommen und gemäß seiner Schwere am Liegenden angereichert. Zum Teil zeigte es im Augenblick der Sedimentation noch oktaedrische Spaltbarkeit, war also vermutlich geologisch noch recht jung. Seine Gerölle sind später oft weitgehend (oder ganz) zerstört, ihre Lage und Form ist aber an Reliktstrukturen („Geistern") noch gut erkennbar. – Der Hauptanteil des Urans steckt *jetzt* in „kohliger Substanz", polymerisierten Kohlenwasserstoffen und zwar zum Teil als metallorganische Verbindung, zum Teil aber als eigentümlich dispergiertes Uranpecherz in eckigen Körnern.

Diese „*kohlige Substanz*" ist von DAVIDSON aus vagabundierendem Methan der Karrookohlen abgeleitet. Diese Ansicht ist nicht nur unwahrscheinlich, sondern beweisbar falsch. Jene muß, mindestens zum sehr erheblichen Teil, vielmehr außerordentlich alt sein.

Pyrit ist polygener Entstehung. Eine große Rolle spielen wirkliche Pyritgerölle, die unverwittert ins Konglomerat aus vermutlich gangförmigen Vorkommen gelangt sind. Weitere sind als Konkretionen bis etwa Haselnußgröße während oder kurz vor der Konglomeratbildung entstanden. Die verbreitetsten, aber keineswegs überall häufigsten sind in situ, zum Teil um kleine Gerölle herum gewachsene Kristalle. Sehr gemein sind Rutilstrukturen von ehemaligem Titanomagnetit und Ilmenit, aber auch von vielen anderen eisenreichen Einzelmineralien und Gesteinen.

Gold ist sicher (wenigstens ganz überwiegend) umkristallisiert, aber nur auf sehr geringe Entfernung gewandert. Die Umlagerung ist jünger als die in situ gebildeten Pyrite und mindestens die Hauptmasse der kohligen Substanz. Im jetzigen Zustand haben Gold und Uranpecherz garnichts miteinander zu tun, was aber nicht bedeuten braucht, daß sie nicht ursprünglich einmal gemeinsam als Schwermineral abgesetzt wurden, möglicherweise sogar denselben Gängen entstammen.

Magnetkies ist nur in einigen Fällen gebildet, und zwar eindeutig durch Dissoziation aus Pyrit, wahrscheinlich durch hohe und lang dauernde Erwärmung. Über weitere Mineralien vergleiche den Text!

Diese Feststellungen *geologisch* auszuwerten ist schwierig. Die Folgerungen sind oft mehr derart, daß sie Bildungshypothesen ausschließen, als Wege zu neuen Deutungsmöglichkeiten weisen. Insgesamt erheben sich viele neue Problemstellungen.

Literaturverzeichnis

1. Vivian Baines, The geology of the Odendaalsrust Goldfield in relation to that of the Klerksdorp District, and notes on the correlation of the Upper Division of the Witwatersrand System. Transact. Geol. Soc. S.Afr. **52**, 301—330 (1949).
2. H. Backlund, The actualistic principle in geological research. Från filosofiens och forskningens fält. Uppsala 1950 (86—120).
3. C. F. Davidson & J. E. T. Bowie, On Thucholite and related hydrocarbon-uraninite complexes. Bull. Geol. Surv. Great Britain Nr. 3, 1—19 (1951).
4. C. F. Davidson, The Gold-Uranium ores of the Witwatersrand. Mining Mag. 73—85 (1953).
6. W. v. Engelhardt und W. Tunn, Über das Strömen von Flüssigkeiten durch Sandsteine. Heidelberger Beiträge zur Mineralogie und Petrographie **4**, 12—25 (1954).
7. B. Ettlinger (bei H. Pirow), Distribution of the pebbles in the Rand bankets, and other features of the rock. Transact. Geol. Soc. S.Afr. **23**, 95—97 (1921).
8. J. J. Frankel, Note on some of the minerals in the Black Reef Series. Transact. Geol. Soc. S.Afr. **43**, 1 (1940).
9. L. C. Graton, Hydrothermal origin of the Rand Gold deposits. Econ. Geol. **25** Suppl. (1930).
10. J. K. Gustafson, Two occurences of chloritoid as a hydrothermal mineral in igneous rocks. Amer. Min. **31**, 313—316 (1946).
11. H. Hirschi, Schweizerische Pechblende, ihr Radium- und Thoriumgehalt. Schweiz. Min. Petr. Mitt. **5**, S.249 1925.
12. J. B. Joralemon, Presidential address. Econ. Geol. **47** (1952).
13. E. S. Larsen, N. B. Keevil & H. C. Harrison, Method for determining the age of igneous rocks using the accessory minerals. Bull. Geol. Soc. Amer. **63**, 1045—1062 (1952).
14. A. M. McGregor, The Gold-Uranium ores of the Witwatersrand. Mining Mag. 281—282 (1953).
15. E. T. Mellor, The Conglomerates of the Witwatersrand. Transact. Inst. Min. Met. 1916, London.
16. E. Mendelssohn, Gold deposits of the Central Murchison Range Transvaal. Transact. Geol. Soc. S.Afr. **41** ,249—272 (1938).
17. P. Ramdohr, Die Erzmineralien und ihre Verwachsungen. Berlin 1950.
18. —, Über Metamorphose und sekundäre Mobilisierung. Geol. Rundschau **42**, 11—18 (1953).
19. L. Reinecke, The location of payable ore-bodies in the goldbearing reefs of the Witwatersrand. Transact. Geol. Soc. S.Afr. **30**, 89—119 (1927).
20. E. R. Roberts & D. Krandorff, The Upper Witwatersrand System at Randfontein Estates. Transact. Geol. Soc. S.Afr. **41**, 225—248 (1939).
21. J. W. N. Sharpe, The economic auriferous bankets of the Upper Witwatersrand beds and their relationship to sedimentation features. Transact. Geol. Soc. S.Afr. **52**, 265—300 (1949).
22. D. J. Simpson, Some results of radiometric logging in the bore-holes of the Oranje Free State. Transact. Geol. Soc. S.Afr. **54**, 99—133 (1951).
23. —, Correlation by means of radioactivity logging in the Witwatersrand System in the Klerksdorp area. Transact. Geol. Soc. S.Afr. **55**, 33—52 (1952).
24. —, Correlation of the sediments of the Witwatersrand System in the West Witwatersrand, Klerksdorp and Orange Free State areas by radioactivity borehole logging. Transact. Geol. Soc. S.Afr. **55**, 133—154 (1952).
25. J. U. Swiegers, The Black Reef Series in the Klerksdorp and Randfontein areas. Transact. Geol. Soc. S.Afr. **41**, 249—272 (1938).
26. —, Gold, Carbon, Pyrite and other Sulphides in the Black Reef. Transact. Geol. Soc. S.Afr. **42**, 35—45 (1939).
27. —, Gold deposits of the Pilgrims Rest Gold mining District, Transvaal. Transact. Geol. Soc. S.Afr. **51**, 81—133 (1948).
28. J. Thoreau & R. Trieu de Terdonck, Le gite d'uranium de Shinkolobwe-Kasolo (Katanga). Mem. Inst. Colonial Belge I, **8**, 1—46 (1933).
29. P. A. Wagner, S. 162—167 in A. W. Rogers, The Union of South Africa. Handb. der reg. Geologie, VII, 7a, Heidelberg 1929.
30. R. B. Young, The Banket. London 1917.

Abbildungen

Die Abbildungen bis Vergr. 200 mal sind in Luft, über 200 mal mit Öl aufgenommen

Die seltenen Ausnahmen sind vermerkt!

Abb. 1. Meyer & Charlton Mine. Central Witwatersrand.
Übersichtsbild eines etwa durchschnittlichen Konglomerats. Grenze der Gerölle zum Bindemittelquarz ist schwer erkennbar. Weiß kleine Pyritkristalle und runde Knöllchen. Vergr. ~ 4mal.

Abb. 2. City & Suburban Mine. C. R.
Konglomerat roh ovaler Quarzgerölle mit feiner körniger, aber überwiegend klastischer Füllmasse. Daneben Pyrit. Vergr. 4mal.

Abb. 3. City & Suburban Mine. C. R.
Einzelheiten aus vorigem Bild. Verbreitung des Pyrits in der Füllmasse ist gut erkennbar. Vergr. 10mal.

Abb. 4. Black Reef, Basal Conglomerate, F. E. R.
Muster eines Reefs mit groben Pyriten, zum Teil typischen Buckshots. Konglomerat, grobe Quarze, kleinere pyritisierte Gerölle und „klare", zum Teil idiomorphe Pyrite. Eine Schwächezone (die Poren sind reell, keine Schleiffehler!) im großen Quarzgeröll ist auch pyritisiert mit kleinen Kristallen. Nahe am Liegenden. Vergr. 4mal.

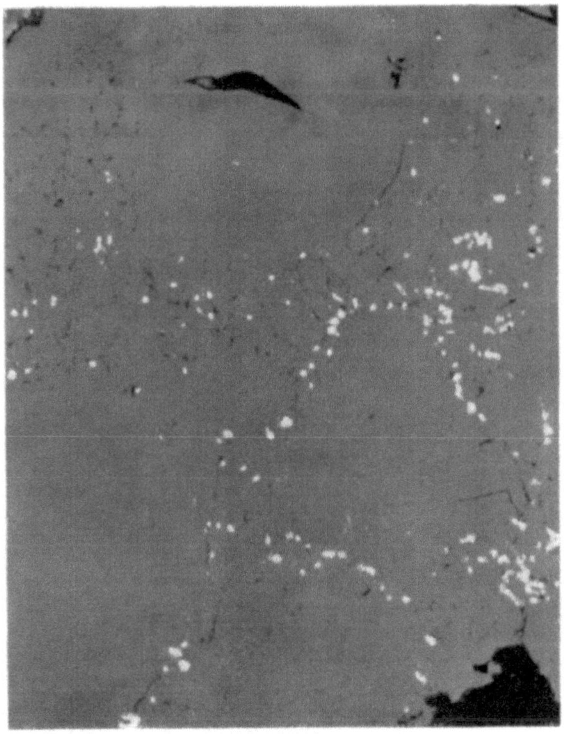

Abbildung 1

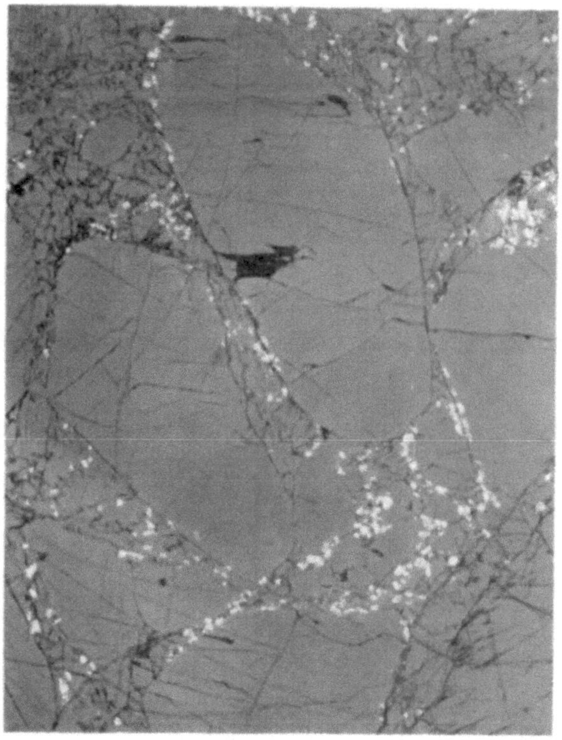

Abbildung 2

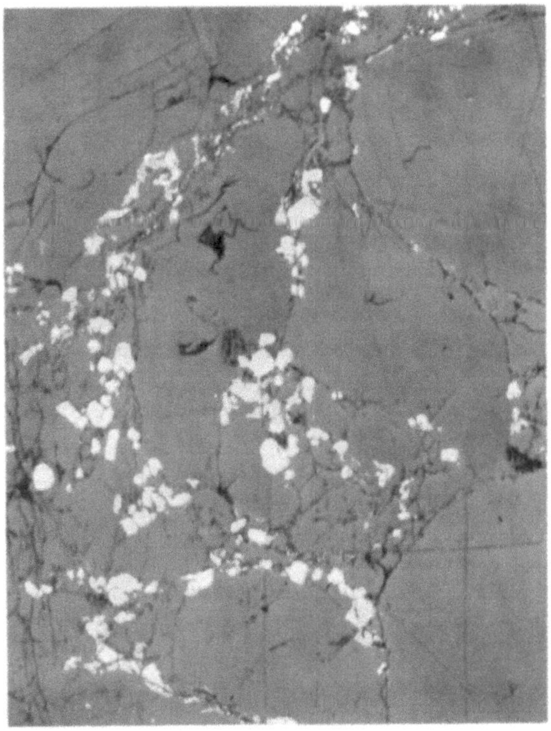

Abbildung 3

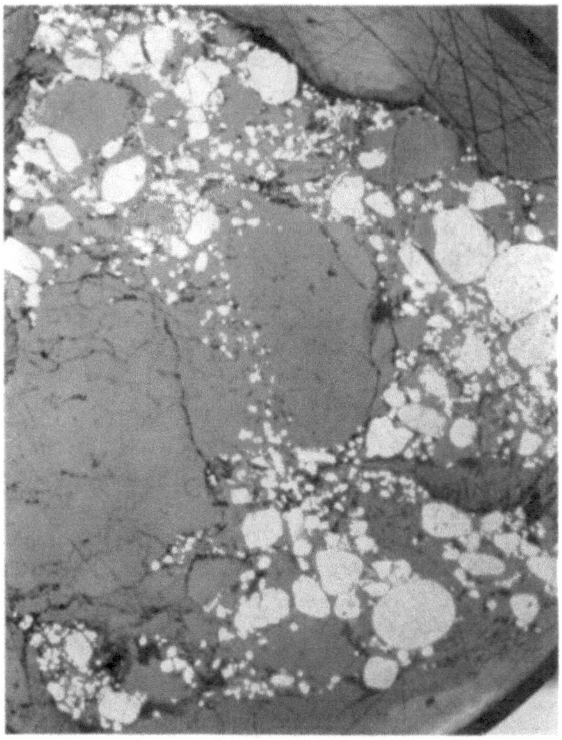

Abbildung 4

Abb. 5. „Witwatersrand".
Lokale Anhäufung von Schwermineralien: Pyrit, Zirkon, „Kohlige Substanz" mit Uranpecherz. Vergr. 70mal.

Abb. 6. Black Reef, Basal Conglomerate, F. E. R.
Übersicht einer Probe mit besonders groben und zahlreichen Knollen. Gute Anzeichen einer Bewegung mit Druckschatten, deren Füllung — Sericit — meist herauspoliert ist. Vergr. 4mal.

Abb. 7. Black Reef, Basal Conglomerate, F. E. R.
Knollenlagen mit sehr deutlichen Streckungshöfen (zum Teil bestehend aus herauspoliertem Glimmer, zum Teil Quarz). Dehnung natürlich ⊥ der Schmalseite des Bildes. Vergr. 4mal.

Abb. 8. Far East Rand, offenbar May Reef.
Unterster Teil des Reefs mit Liegendem. Unmittelbar am Liegenden (feinporig) eine Partie mit Pyrit und sehr reichlich Gold. Etwa 3 mm darüber ein „falsches Liegendes" mit einem ebensolchen reichen Band. Übersichtsaufnahme, Vergr. 8mal.

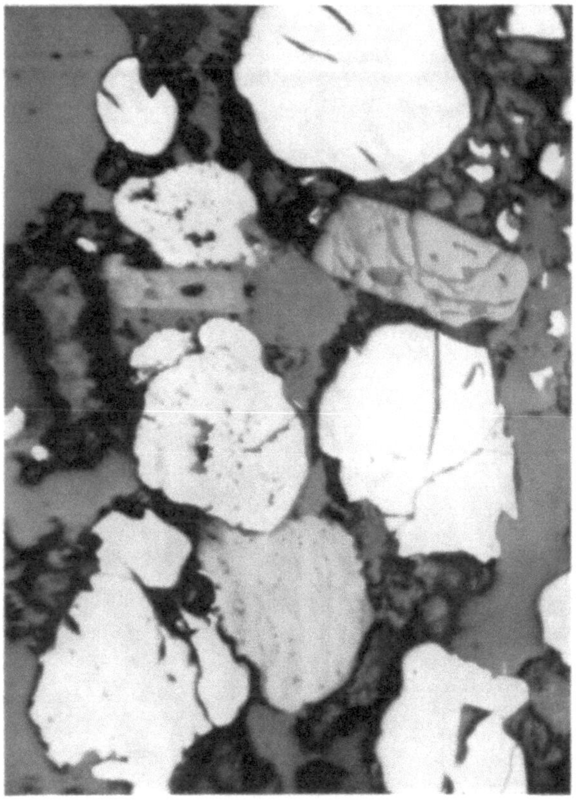

Abbildung 5

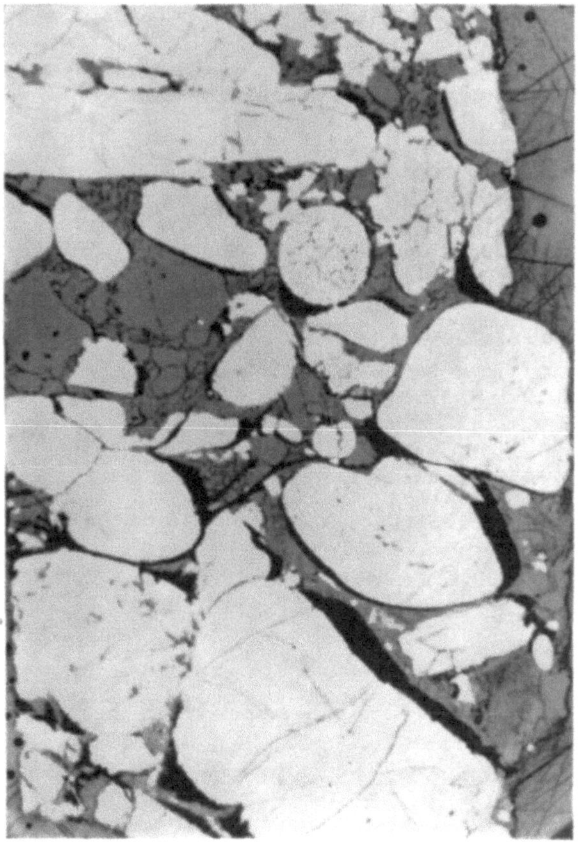

Abbildung 6

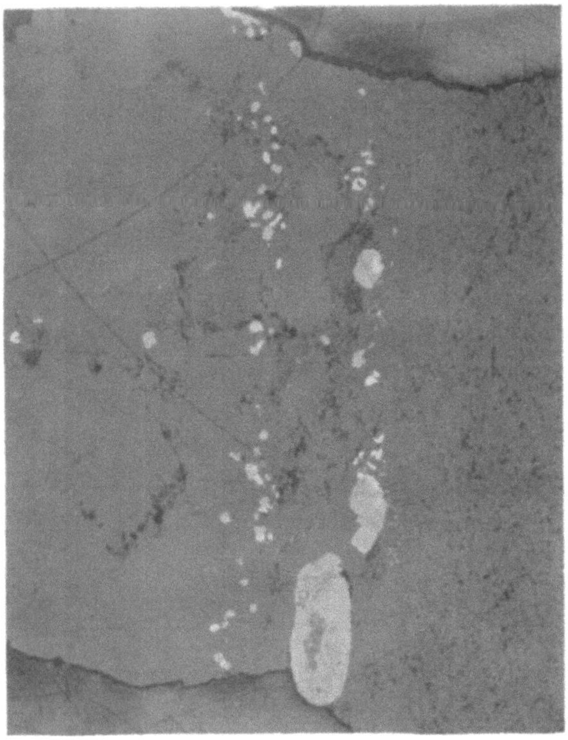

Abbildung 8

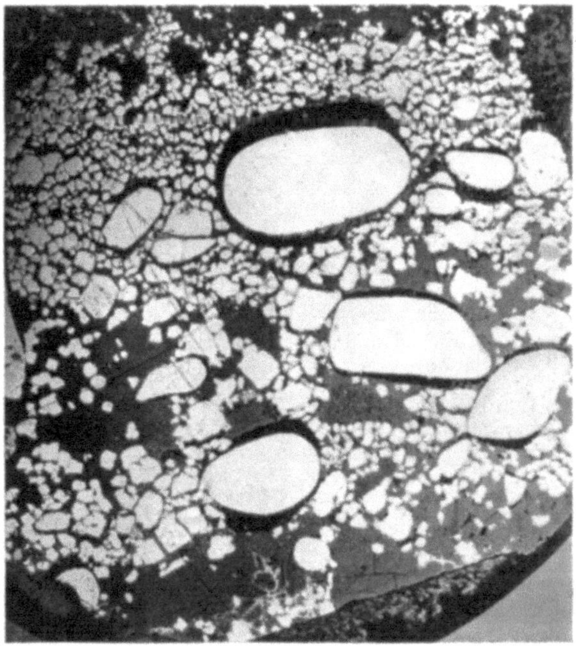

Abbildung 7

Abb. 9. Far East Rand, Kimberley Reef.
Gold und Pyrit unmittelbar am Liegenden. Vergr. ~ 20mal.

Abb. 10. Basal Reef, O. F. S.
Pyrit mit sehr guter Spaltbarkeit nach (100). Außenfortwachsung älter als kohlige Substanz, die ihrerseits aber älter ist als jüngste Pyritkruste. In der „kohligen Substanz" Uranpecherz. Vergr. 150mal.

Abb. 11. Main Reef Leader, Crown Deep, Sh. 2, C. R.
Pyritgeröll mit einheitlicher würfeliger Spaltbarkeit. Die *nach* der Sedimentation entstandenen Sprünge sind mit Gold erfüllt. Vergr. 250mal.

Abb. 12. Main Reef Leader, Crown Deep, Sh. 2, Lev. 5, C. R.
Pyrit, *Geröll*, weitergewachsen als Kristall. Vergr. 150mal.

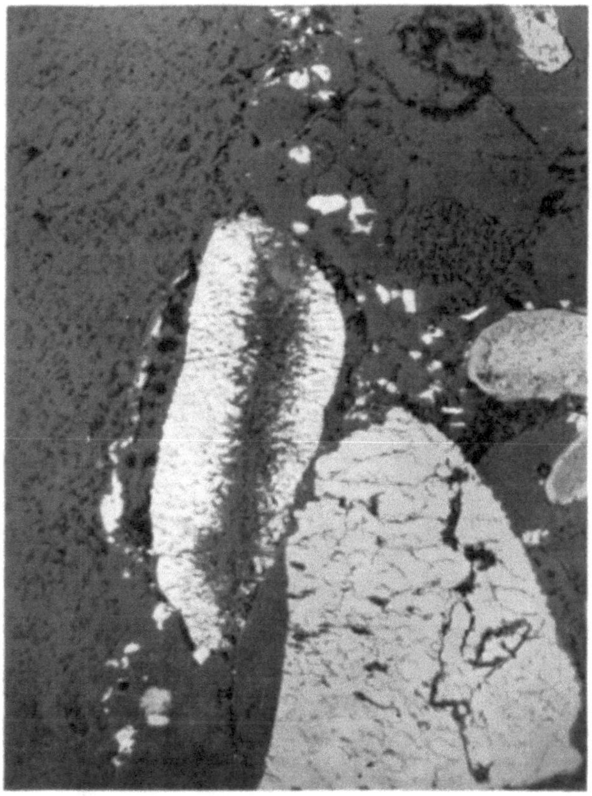

Abbildung 9

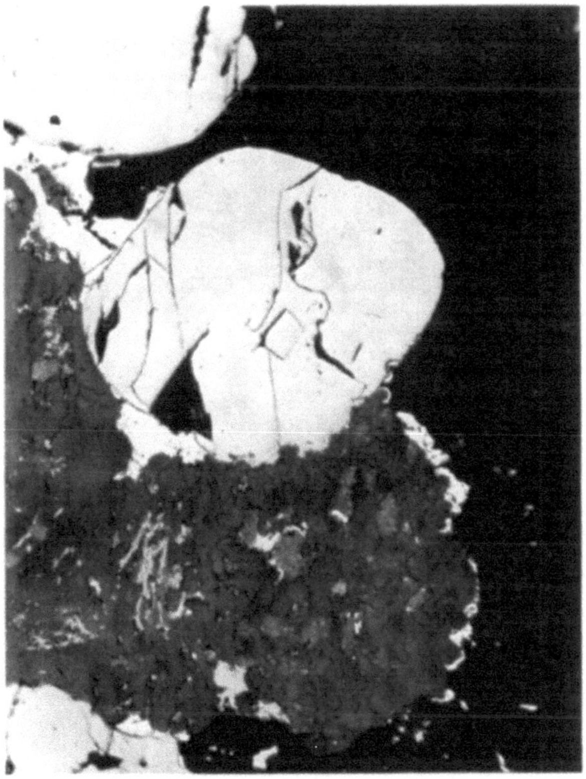

Abbildung 10

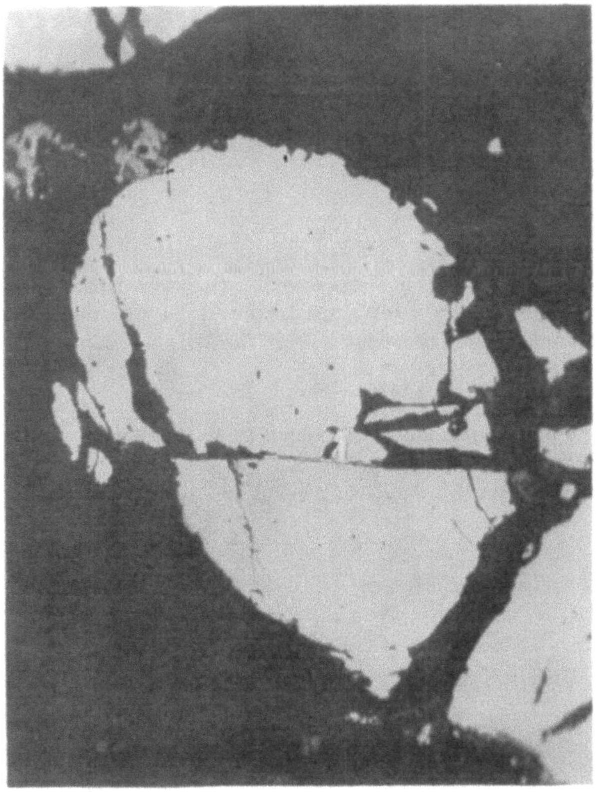

Abbildung 11

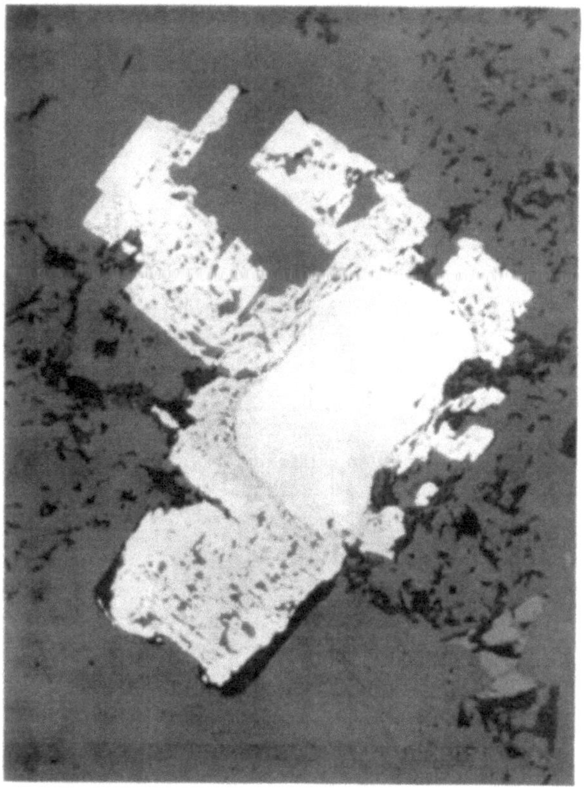

Abbildung 12

Abb. 13. Sub Nigel Mine, F. E. R.
Gold inmitten von Pyrit. Genauere Untersuchung zeigt, daß die Goldflitter etwa der Gerölloberfläche eines fast kugelig abgerollten Kristalls folgen. Sie sind zur Zeit des Weiterwachsens des Pyrits mit diesem ausgefällt. Die ungefähre Form des Gerölls ist mit Strichen bezeichnet. Vergr. 75 mal (Immersion).

Abb. 14. Basal Reef, O. F. S.
Gold neben und im Pyrit. Die Zufuhr in die Klüfte muß an Ort und Stelle erfolgt sein. Ein Zusammenhang der Vererzung *im* Pyrit mit der großen Au-Partie *auf* Pyrit ist ersichtlich. Sie hat die Grenze zwischen dem alten Geröllpyrit und der Fortwachsung zur Einwanderung benutzt. Vergr. 150 mal.

Abb. 15. Leader Reef, O. F. S.
Pyritknolle, porig, umwachsen mit klaren Pyritkristallen verschiedener Orientierung. Vergr. 250 mal.

Abb. 16. „Bastard Reef, Rietfontein".
Kleines Pyritgeröll mit Fortwachsung als Kristall. Die alte Grenze ist teilweise durch dünnen Magnetkiesfilm belegt. Vergr. 400 mal, trocken.

Abb. 17. Kimberley (May) Reef, F. E. R.
Pyrit ×, weitergewachsen aus Geröll (Grenze gekennzeichnet mit Punkten). Etwas Gold ↓. Vergr. 250 mal.

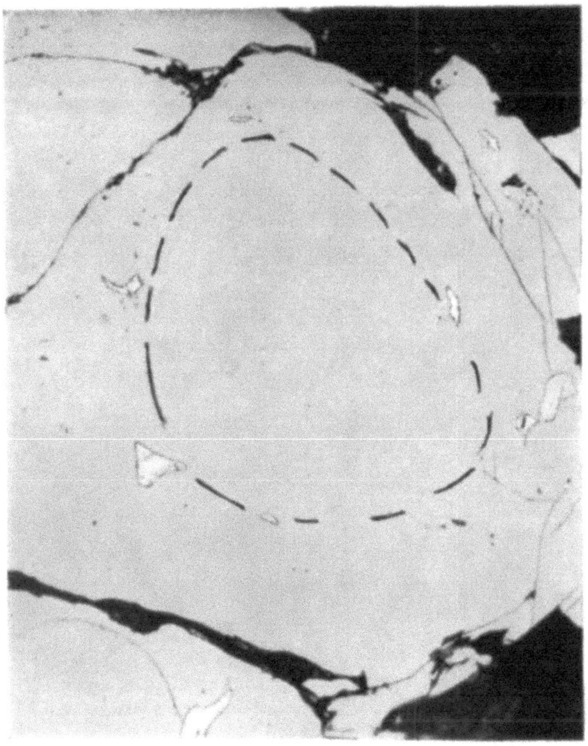

Abbildung 13

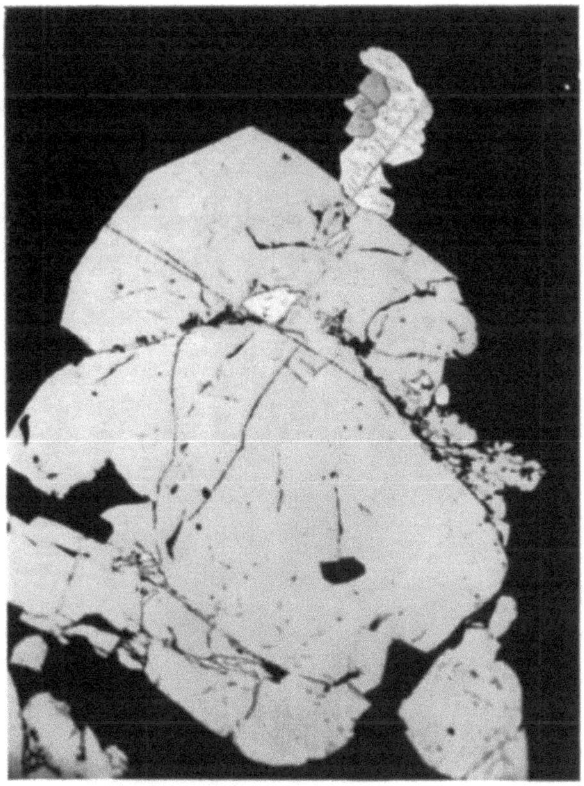

Abbildung 14

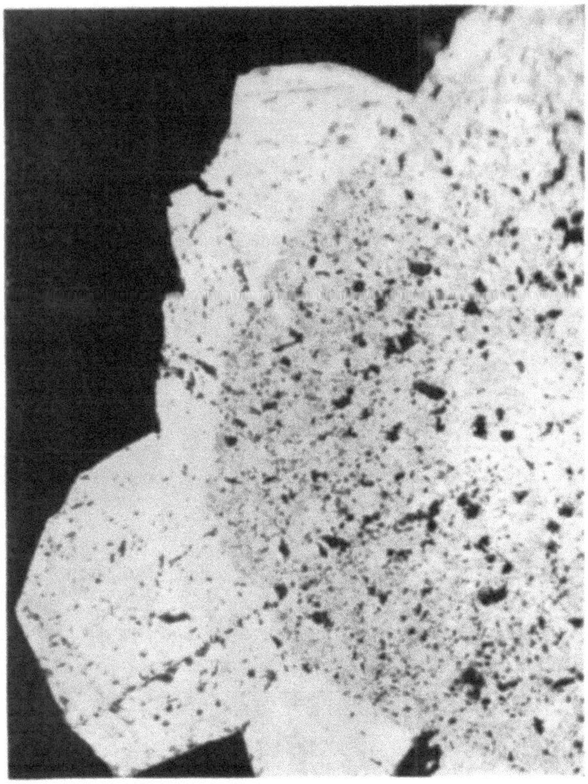

Abbildung 15

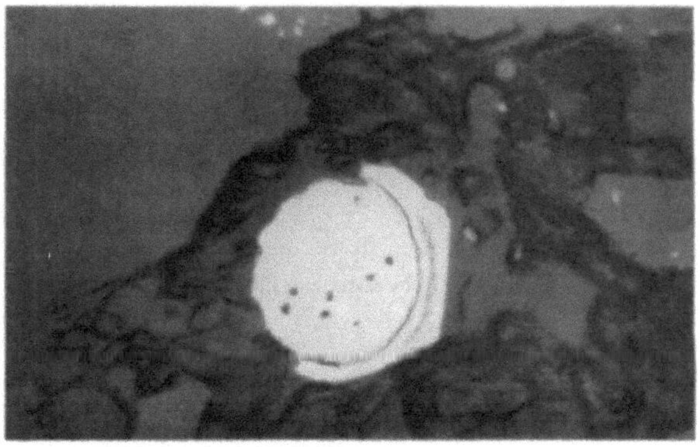

Abbildung 16

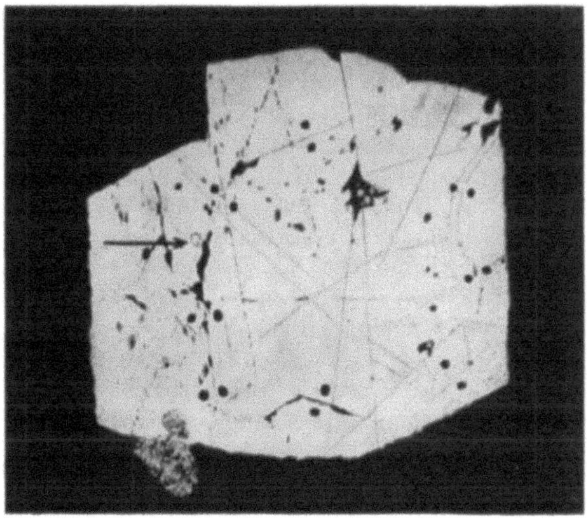

Abbildung 17

Abb. 18. Black Reef, F. E. R., Buckshot Pyrite Leader.
Knolle aus altem, überaus stark zonarem Pyrit. Die Knolle war von jeher Pyrit und kam bereits abgerollt in ihre jetzige Lage. Sie ist dann in situ weitgehend zerbrochen. — Eine für die genetische Deutung sehr wichtige Probe. Vergr. 80mal.

Abb. 19. Einzelheit aus der Knolle der Abb. 18. Die Knolle enthielt Drusenraum mit zonarem Pyrit und ist begreiflicherweise hier stark zerbrochen. Vergr. 250mal.

Abb. 20. Rietfontein, Bastard Reef.
Skelett eines entmischten Titanomagnetits, jetzt bestehend aus Rutilaggregat. Das Magnetitfüllsel ist weggelöst. Vergr. 250mal.

Abb. 21. Bastard Reef, Rietfontein.
Titanomagnetitskelett, jetzt in Rutil verwandelt. Außen Pyrit, Quarz, Chloritoid. Vergr. 150mal.

Abb. 22. „Witwatersrand" (wohl Main Reef, Central Rand).
Rutilskelett für das Ilmenitgerüst eines normal entmischten Titanomagnetits. Vergr. 250mal.

Abb. 23. Black Reef, Basal Conglomerate, F. E. R.
Reliktstruktur eines entmischten Titanomagnetits. Das „Füllsel", der überwiegende Magnetit, ist völlig weggelöst, das feine Ilmenitnetzwerk liegt jetzt als Rutil (ein Teil könnte Anatas sein) vor. Der Magnetit ist erst an Ort und Stelle zerstört worden, da ja ein so lockeres Netz sicher keine Abrollung überstanden hätte. Vergr. 250mal.

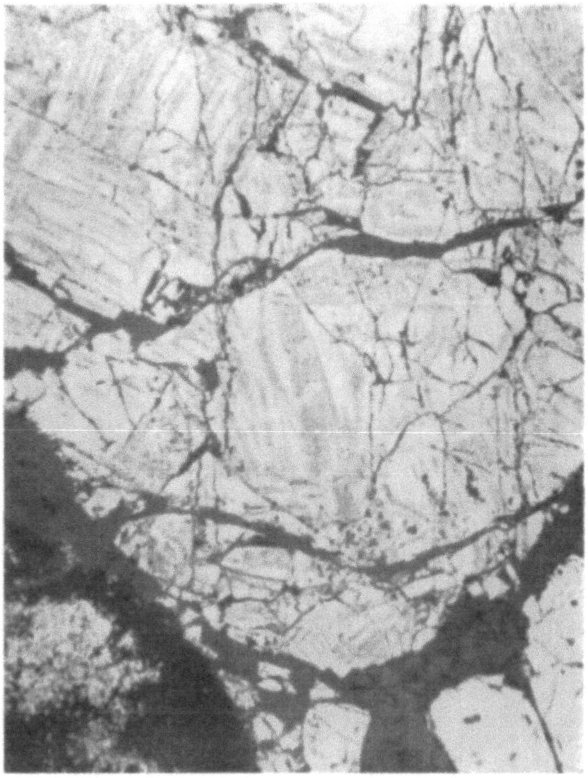

Abbildung 18

Abbildung 19

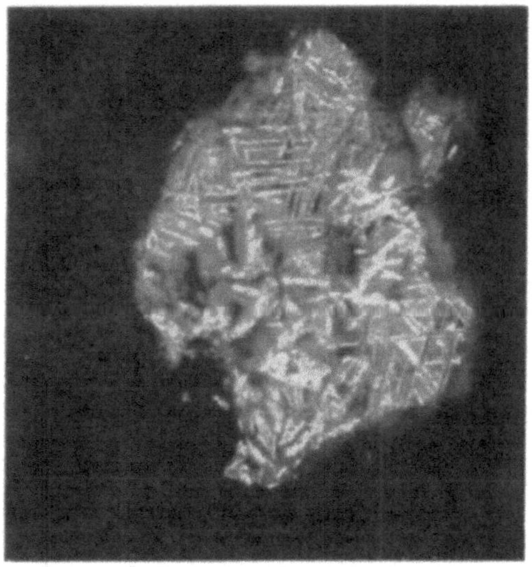

Abbildung 20

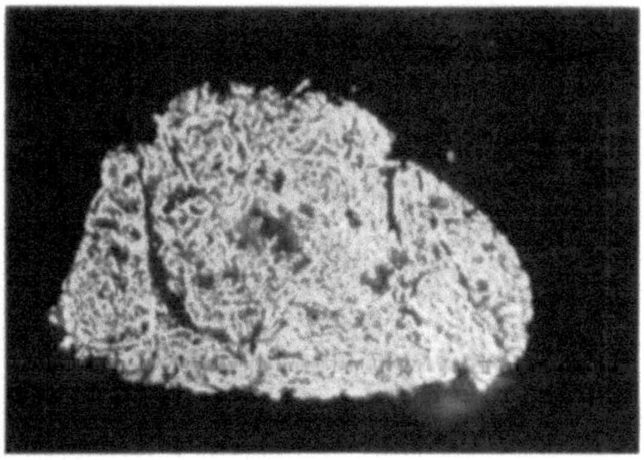

Abbildung 22

Abbildung 21

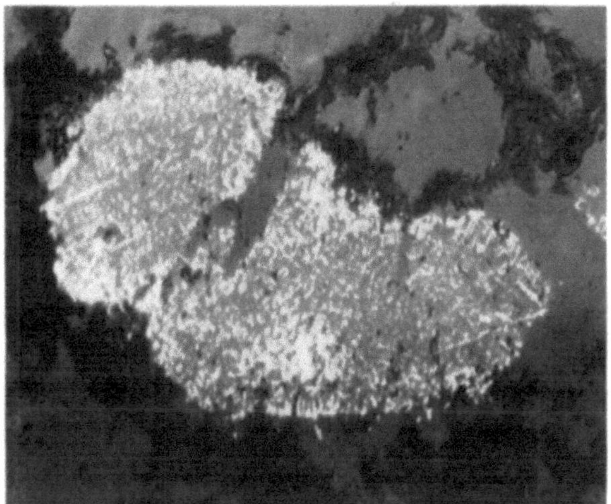

Abbildung 23

Abb. 24. Kimberley Reef, F. E. R.
Ehemaliger Titanomagnetit. Füllmasse früher Magnetit, ist jetzt Pyrit; Lamellen von Ilmenit sind jetzt Rutil. Vergr. 250mal.

Abb. 25. Witwatersrand.
Eigentümliche Struktur, wohl reliktische Poren eines entmischten Titanomagnetits (?) — jetzt Poren und runde aus Spinell entstandene Magnetkieskörper. Vergr. 500mal (Außenkruste ist Weiterwachsung!).

Abb. 26. Black Reef, Basal Conglomerate, F. E. R.
Pseudomorphose nach einem in 2 Generationen entmischten Hämatit-Ilmenit — jetzt Pyrit und Rutil. (Rechts unten ein Chromitkorn.) Vergr. 150mal.

Abb. 27. Maubacher Bleiberg.
Ganz analoge Bildung wie Abb. 26 aus Pyrit der Blei-Zink-Lagerstätte in Buntsandstein. Die beiden stark zonaren Einschlußkristalle sind Bravoit, von dem — eine Spur dunkler als normaler Pyrit — auch etwas innerhalb der Pseudomorphose enthalten ist. Vergr. 80mal.

Abbildung 24

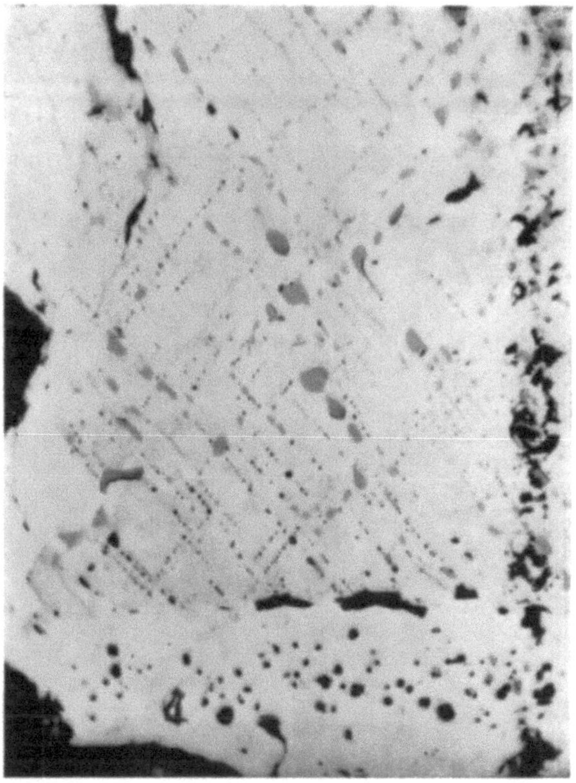

Abbildung 25

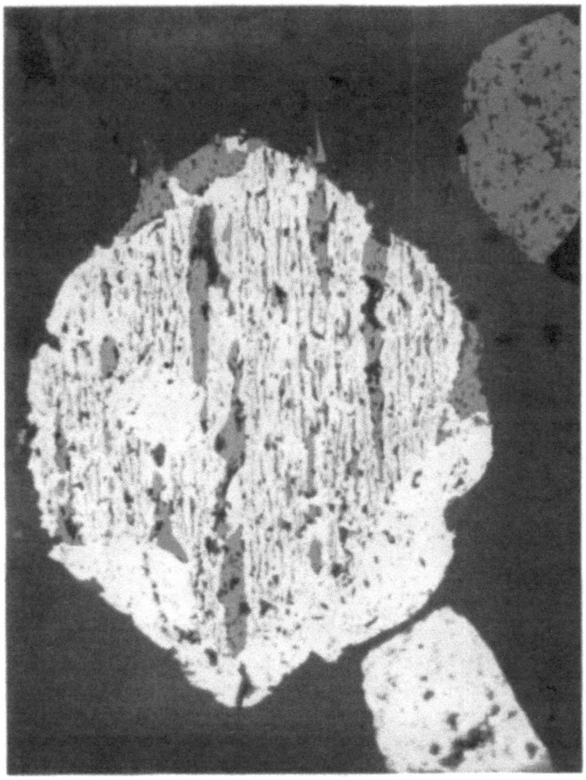

Abbildung 26

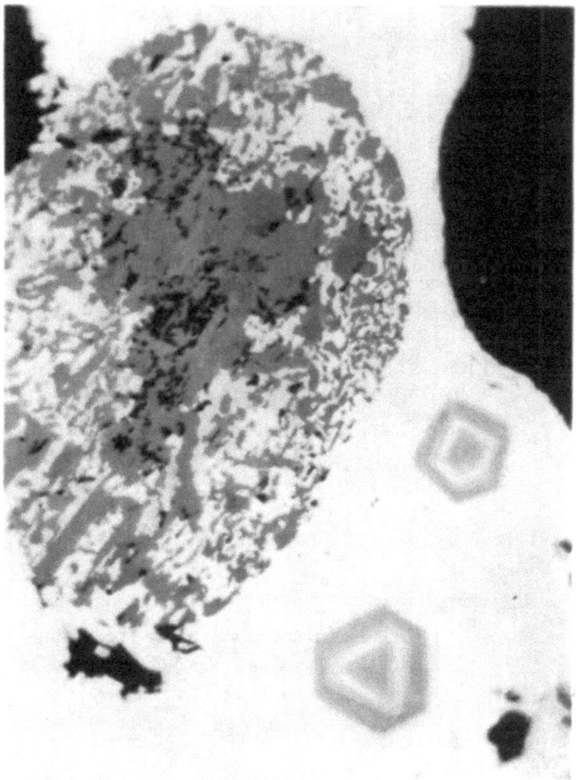

Abbildung 27

Abb. 28. Kimberley Reef, F. E. R.
Pseudomorphose aus Rutil nach Ilmenit mit geringer Hämatitentmischung; daneben „Uranpecherzgeister" mit Strahlenkränzen von Pyrit. Vergr. 150mal.

Abb. 29. Black Reef, Basal Conglomerate, F. E. R.
Aus derselben Probe wie Abb. 30 und ihr bildmäßig ganz ähnlich — trotzdem völlig anders zu deuten! Die Zonen, ebenfalls durch Poren bedingt, haben hier nicht das Geringste mit der Orientierung des jetzt vorliegenden Pyrits zu tun. Dieser bildet vielmehr ein ganz feinkörniges wirres Aggregat (Korngröße auf dem Bild wechselnd, im ∅ vielleicht 1—2 mm^2 im Bild). Es liegt also irgendeine Pseudomorphose vor, höchst wahrscheinlich nach kontaktmetasomatischem Magnetit, der ja immer sehr stark zonar ist. Vergr. 250mal.

Abb. 30. Black Reef, Basal Conglomerate, F. E. R.
Pyrit mit sehr starkem, durch Porenreihen bedingtem Zonenbau. Dieser Zonenbau betrifft hier ein einheitliches Pyritkorn, das sicher erst an Ort und Stelle gewachsen ist, da man ja die scharfe kristallographische Grenze am Außenrand bequem erkennt, und zu dem ja das Material bei seinem lockeren Aufbau gegen Abrollung extrem empfindlich wäre. Vergr. 250mal.

Abb. 31. Black Reef, Basal Conglomerate, F. E. R.
Pyrit-Pseudomorphose nach einem traubig-rhythmischen Brauneisengeröll. Vergr. 150mal.

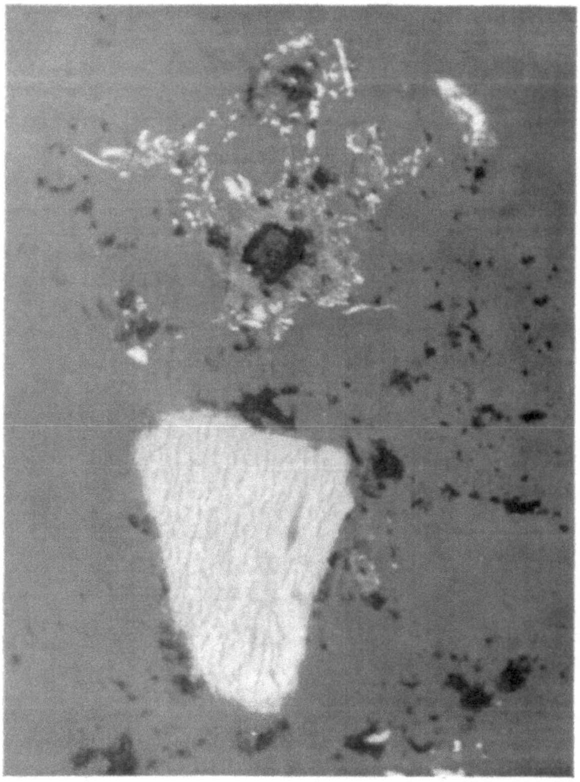

Abbildung 28

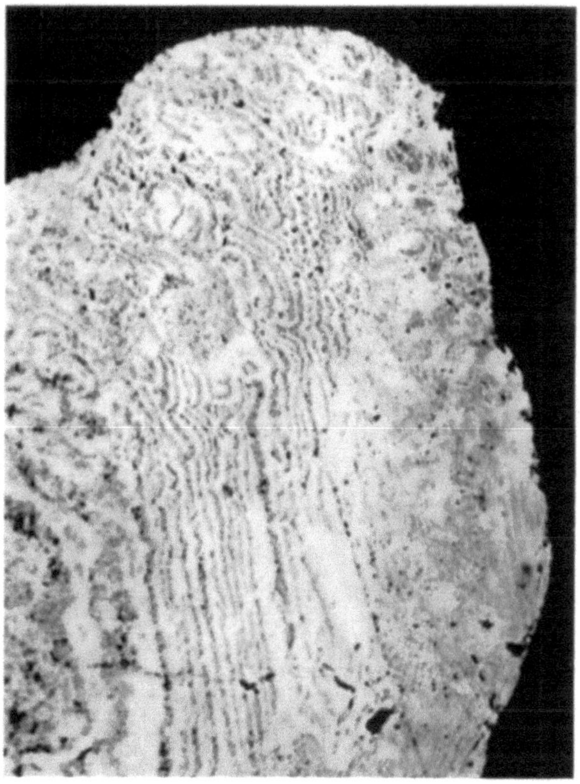

Abbildung 31

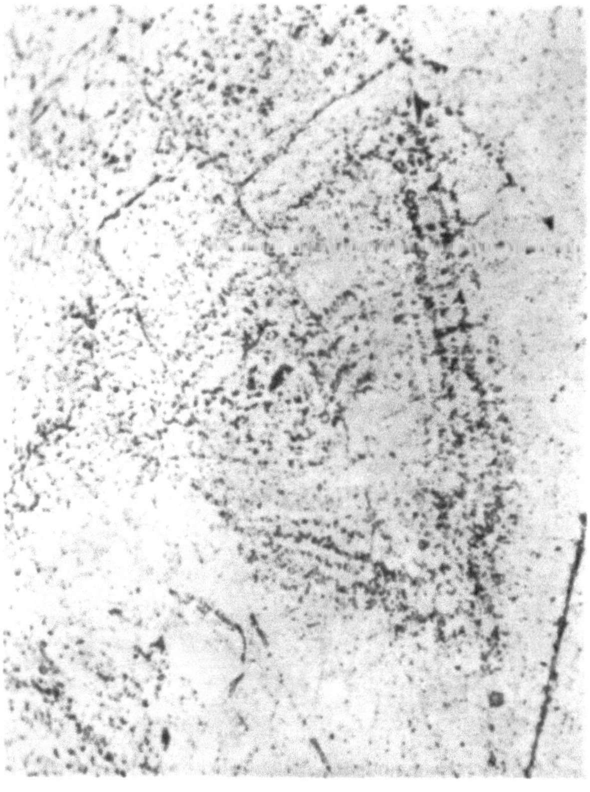

Abbildung 29

Abbildung 30

Abb. 32. Black Reef, Basal Conglomerate.
Pyrit, der aus Magnetkies entstandenes Brauneisen ersetzt. Die eigenartigen Strukturen sind so typisch, daß eine andere Deutung kaum möglich erscheint! Vergr. 250mal.

Abb. 33. Black Reef, Basal Conglomerate, F. E. R.
Höchst eigentümliche Struktur mit sich überlagernden, anscheinend voneinander unabhängigen rhythmischen Fällungen. Die Fällungen gehen auf die Zeit *vor* der Geröllbildung zurück und sind ziemlich sicher von schaligem Brauneisen übernommen, das seinerseits aus einem Gelpyrit entstanden war. Vergr. ~ 30mal.

Abb. 34. Black Reef, Basal Conglomerate, F. E. R.
Reliktstruktur wohl eines Eisenoolithen (vermutlich Brauneisen) — jetzt alles Pyrit. Vergr. 150mal.

Abb. 35. Black Reef, Basal Conglomerate, F. E. R.
Pyritknolle mit alter Struktur (es sind die sogenannten „vererzten Bakterien") niedrigtemperierter, oft sedimentär gebildeter Pyritlagerstätten. — Die Knolle ist sicher ein *Geröll* eines bereits als Pyrit in der Ausgangslagerstätte gebildeten Materials. Vergr. 250mal.

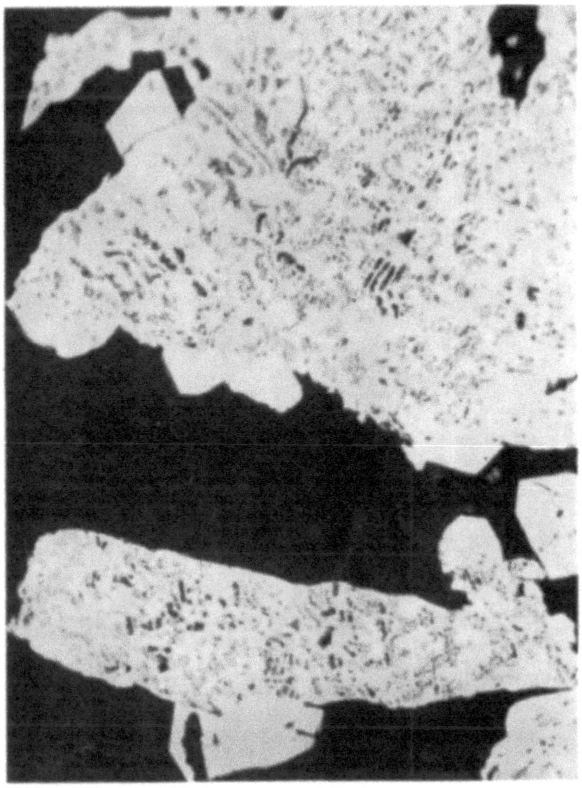

Abbildung 32

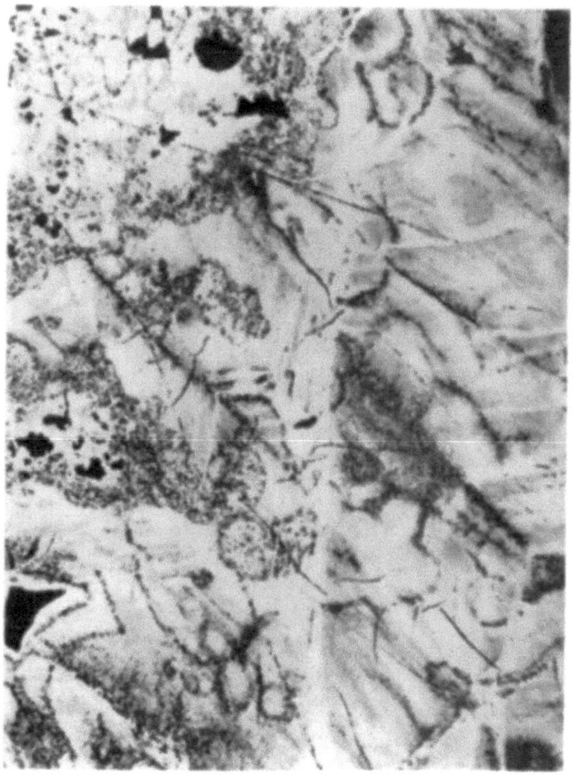

Abbildung 33

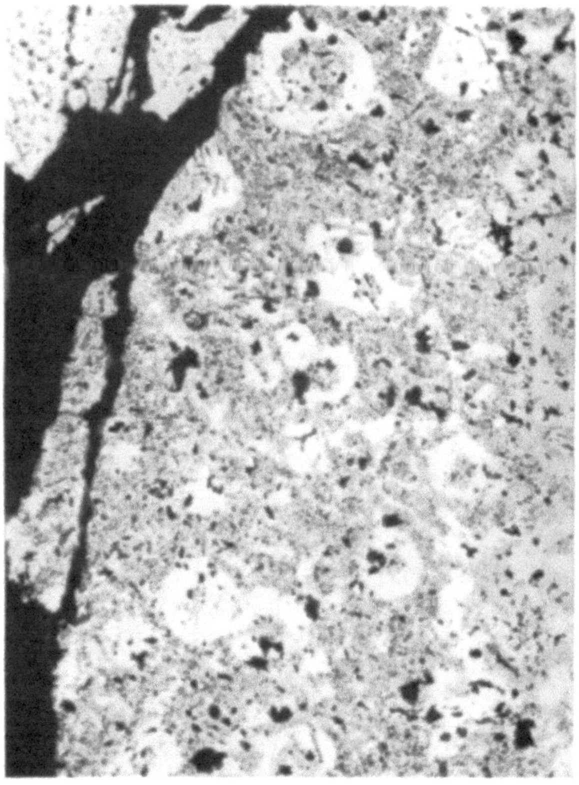

Abbildung 34

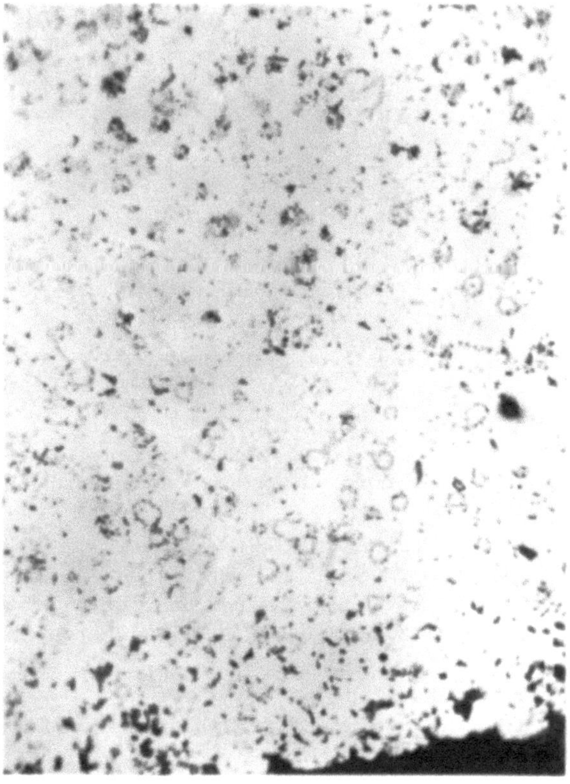

Abbildung 35

Abb. 36. Leader Reef, O. F. S.
Pyritkristall, der eine alte sedimentärstreifige pyritisierte gerundete Knolle einschließt. Alte Geröllgrenze ist gut sichtbar. Vergr. 150mal.

Abb. 37. Black Reef, Basal Conglomerate.
Große Knolle eines pyritisierten Sedimentgesteins, wohl eines banded ironstones. Ob die Pyritisierung am jetzigen Ort erfolgte oder das bereits pyritisierte Material an die jetzige Stelle kam, ist gerade hier nicht festzustellen, letzteres aber wahrscheinlicher. Vergr. ~ 30mal.

Abb. 38. Leader Reef, O. F. S.
Zerbrochenes Pyritgeröll, das aus „Itabirit" (bzw. banded ironstone) entstanden ist. Vergr. 25mal.

Abb. 39. Black Reef, Basal Conglomerate.
Reliktstruktur wohl eines quarzreichen Eisensandsteines, jetzt in Pyrit verwandelt. Vergr. 150mal.

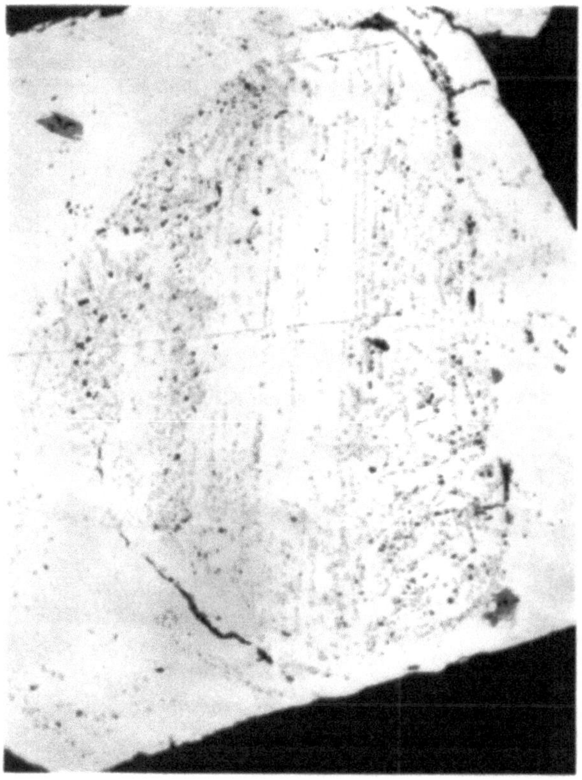

Abbildung 36

Abbildung 37

Abbildung 38

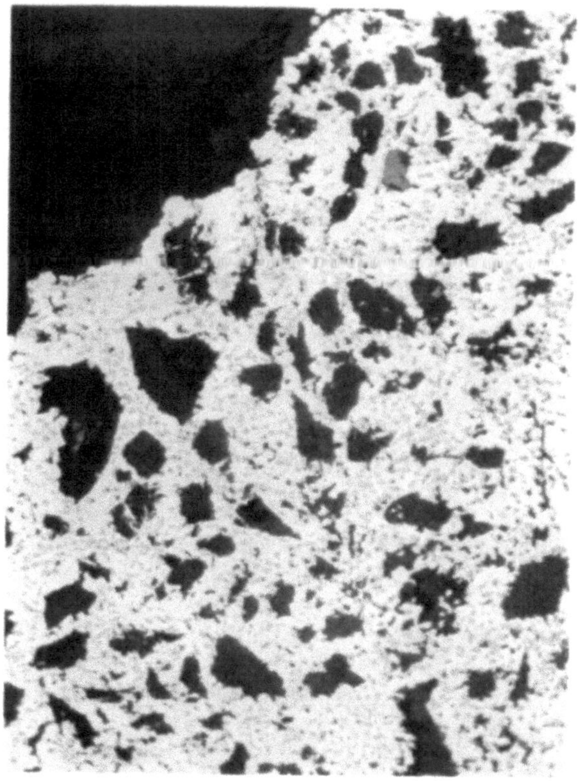

Abbildung 39

Abb. 40. Basal Reef, O. F. S.
Größere Knolle (etwa 1 cm ∅) aus Quarz und Pyrit, flächenmäßig in etwa gleichen Teilen. Der Pyrit nimmt wohl die Stelle von Magnetit eines ehemaligen meso- oder katametamorphen Magnetitquarzits ein. (Fehlen der ||-Textur, die bei Eisenglanz führenden Gesteinen fast immer sichtbar ist!) Jedenfalls ist hier Quarz auch nicht spurenweise verdrängt! Vergr. 6mal.

Abb. 41. Black Reef, Buckshot Pyrite Leader, F. E. R.
Hochinteressantes Präparat (leider in der Politur nicht ganz erstklassig). Die ganze Knolle stellt eine „Pseudomorphose" nach einem Titanomagnetit-Spinellit dar. Die glatten ziemlich dunkelgrauen Körner sind unveränderte Spinelle, die lichter grauen, oft löcherigen und auch in der Farbe nach der Schnittlage etwas wechselnden Aggregate sind Rutil (an der Stelle von Ilmenit), weiß ist Pyrit (für Magnetit) der immer kleine Rutil-Einschlüsse enthält (nicht sichtbar bei der vorliegenden schwachen Vergrößerung!), Vergr. 30mal.

Abb. 42. Kimberley Reef, F. E. R.
Pyritgeröll mit feinsten Quarzkörnern. Allem Anschein nach entstanden durch Pyritisierung eines feinkörnigen Hämatitquarzits. Vergr. 150mal.

Abb. 43. Kimberley (May) Reef, F. E. R.
Pyritknolle, ehemals vielleicht ein Eisenquarzit, jetzt nur Pyrit und Quarz (ganz wenig Rutil). Vergr. 150mal.

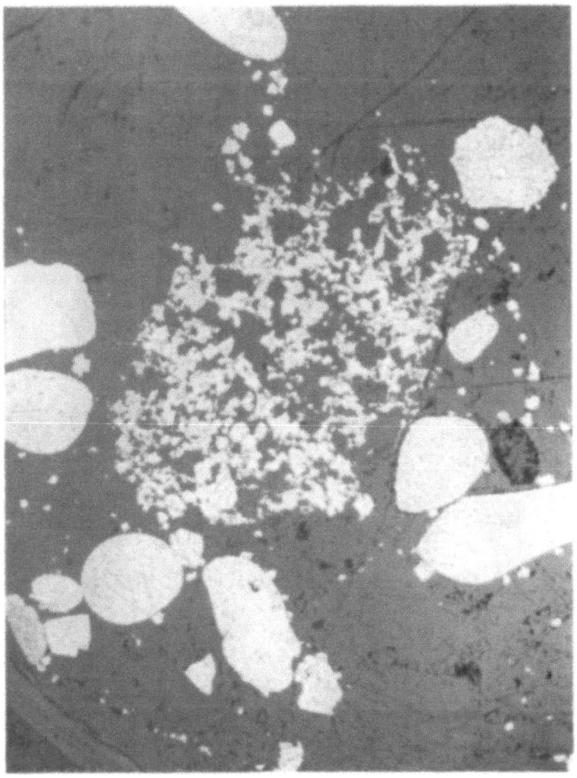

Abbildung 40

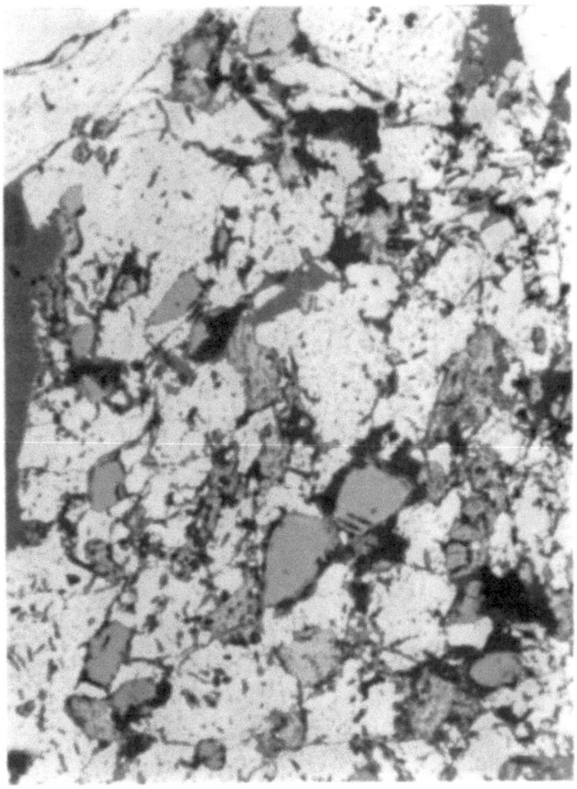

Abbildung 41

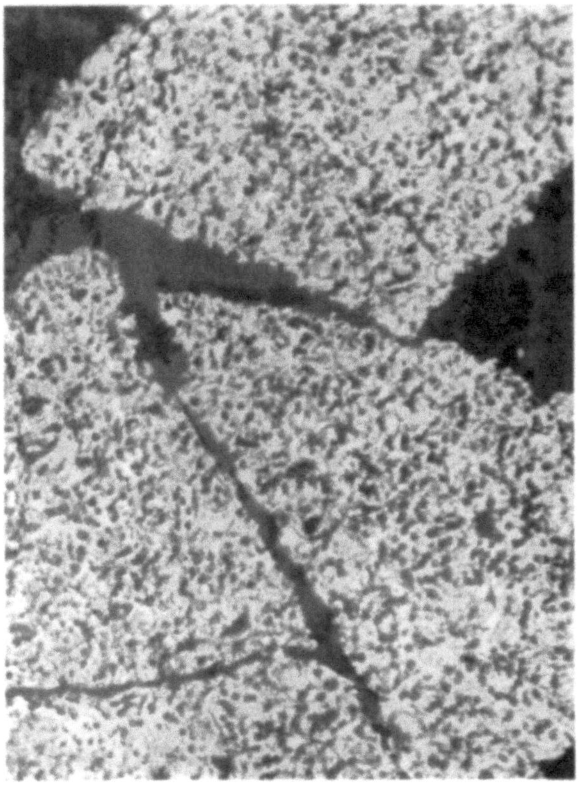

Abbildung 42

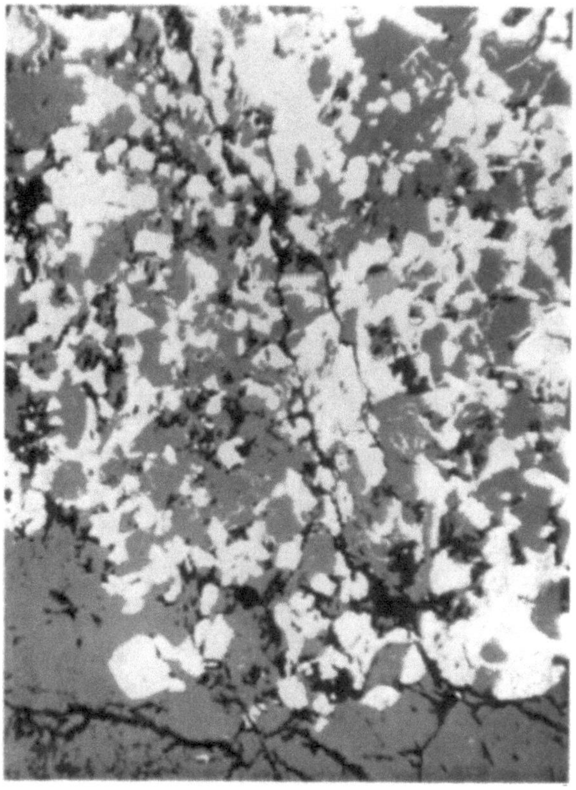

Abbildung 43

Abb. 44. Black Reef, Basal Conglomerate.
Knolle mit Turmalin und Quarz. (Turmalin ist reichlicher und Spur heller.) Die Füllmasse (ursprüngliche Natur?) ist jetzt pyritisiert und reich an Kupferkies. (So hohe $CuFeS_2$-Gehalte sind sonst ganz ungewöhnlich!) Vergr. 150mal.

Abb. 45. Leader Reef, O. F. S.
Lyditisches Quarzitgeröll von drei (in Wahrheit mehr) ± vertikalen Schwächezonen völlig verdrängt. Orientierung wie im Sediment! Vergr. 4mal.

Abb. 46. Basal Reef, O. F. S.
Poriger und porenfreier Pyrit nebeneinander. Die Poren sind — zum Teil! — mit Kupferkies erfüllt. Vergr. 250mal.

Abb. 47. Black Reef, Basal Conglomerate, F. E. R.
Pyritkristall weiterwachsend auf pyritisierter Schwefelkiesknolle. Vergr. 70mal.

Abbildung 44

Abbildung 45

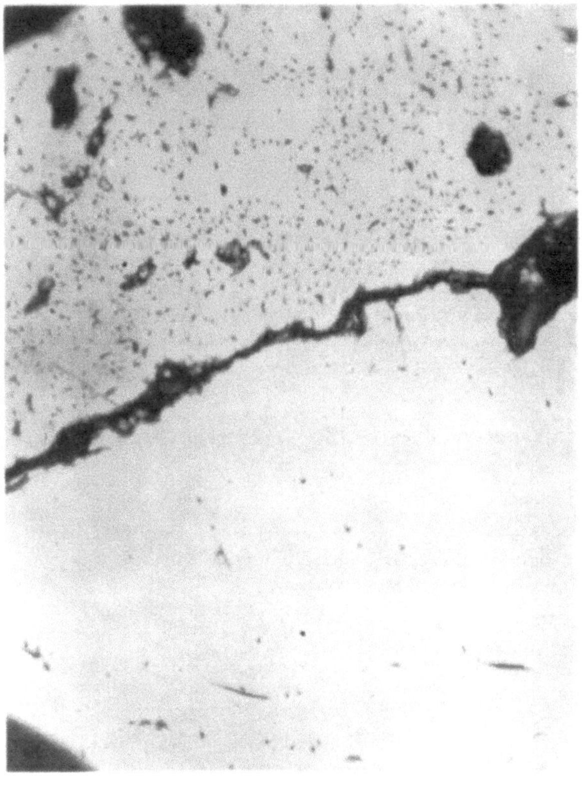

Abbildung 46

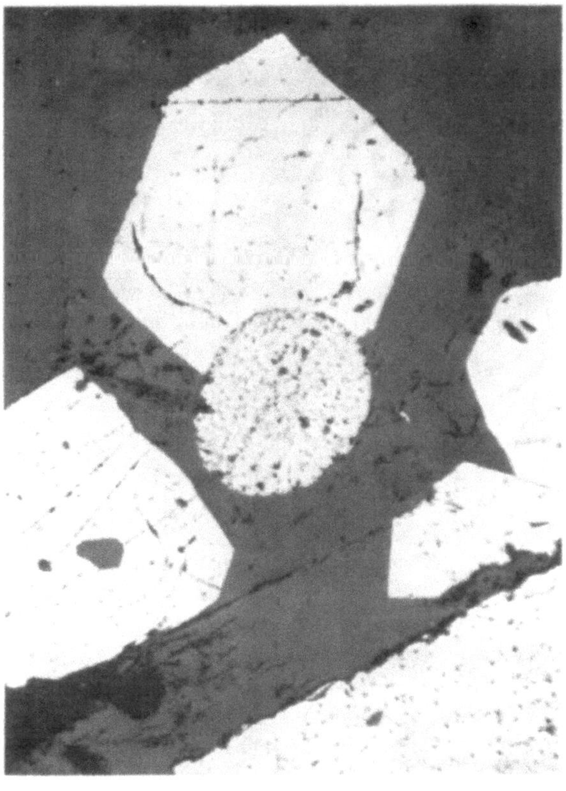

Abbildung 47

Abb. 48. Main Reef, F. E. R.
Knolle, die außen ersichtlich viel weniger pyritisiert ist als im Kern. Die Deutung ist noch unklar. Denkbar wäre Entstehung aus einer schon primär im Kern stärker (mit Pyrit oder Brauneisen) vererzten Konkretion, die aber dann nur wenig transportiert sein kann. Vergr. 20mal.

Abb. 49. Witwatersrand.
Poriger Pyrit mit (randnaher) Infiltration von Kupferkies und Gold. (Zwei sehr helle Fünkchen.) Vergr. 700mal.

Abb. 50. Kimberley Reef, F. E. R.
Kleine Pyritskelette bauen eine Knolle auf. Solche Skelettbildung ± gleichgroßer und untereinander unorientierter Keime ist charakteristisch für Bildung in Gelen. Vergr. 250mal.

Abb. 51. Einzelheit aus Abb. 50. Pyritskelett, gewachsen in kolloidalem Medium. Vergr. ~ 500mal.

Abb. 52. Basal Reef, O. F. S.
Goldvererzung einer „porigen Knolle“, die undeutlich eine gewisse Radialstruktur zeigt. (Mindestens 5 Goldkörnchen.)
Vergr. 250mal.

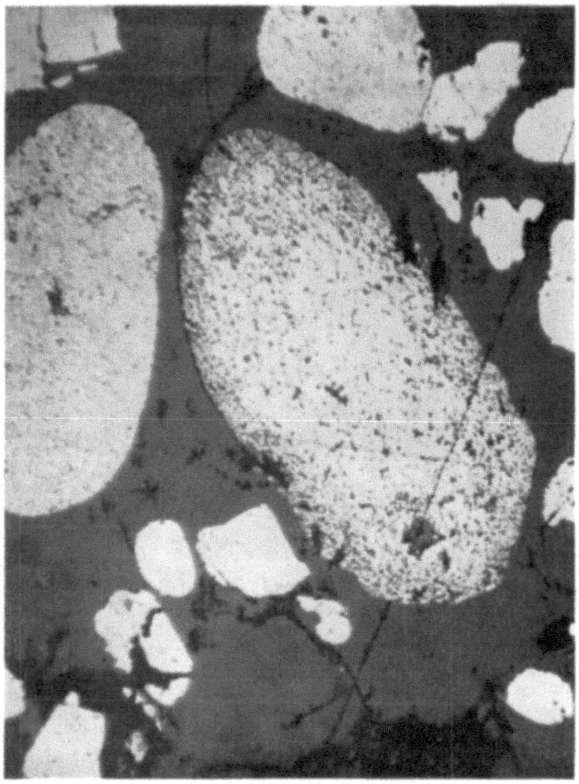

Abbildung 48

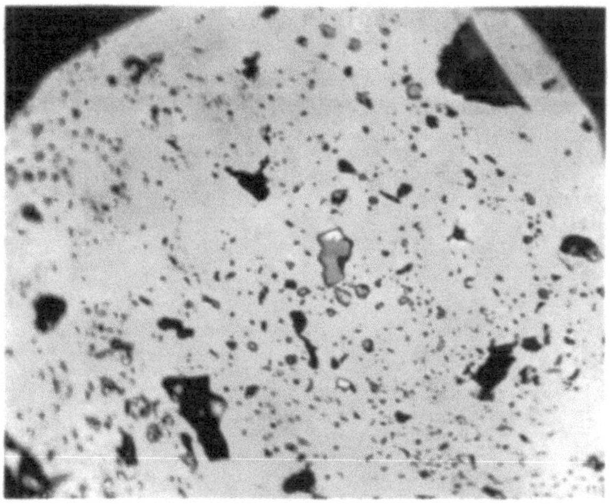

Abbildung 49

Abbildung 51

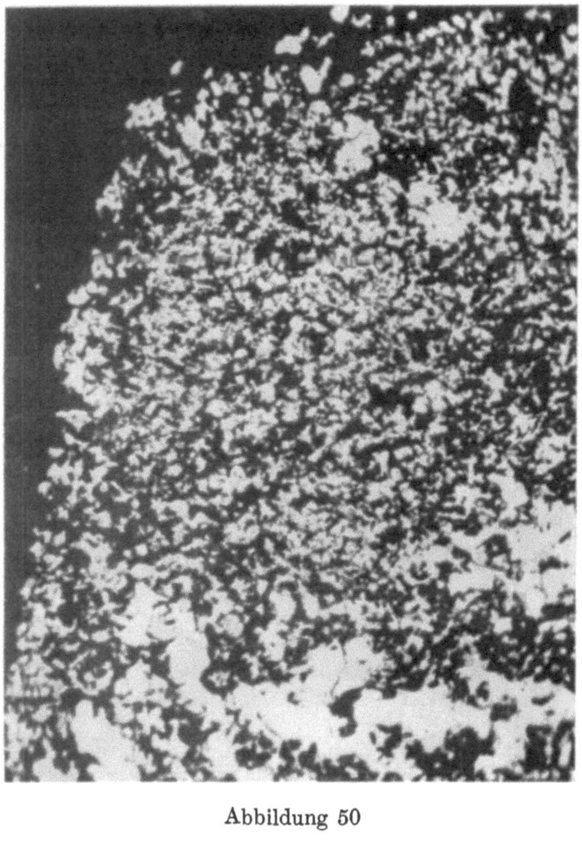

Abbildung 50

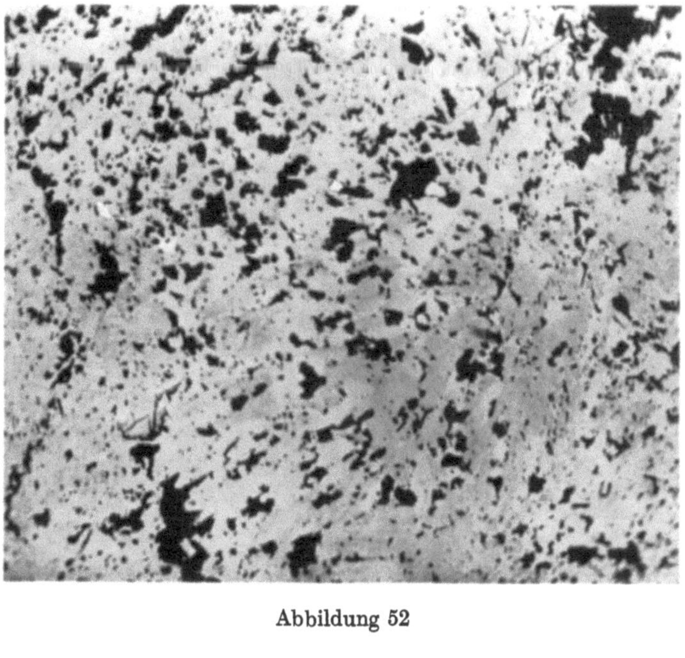

Abbildung 52

Abb. 53. Kimberley (May) Reef, F. E. R.
Konkretionäre Knolle, außen bevorzugt pyritisiert, zentral noch zum Teil Skelette wie Abb. 50/51.
Vergr. 250mal.

Abb. 54. „B-Reef", O. F. S.
Pyrit aus einer einwandfrei als Pyrit in situ gebildeten radialen Konkretion von etwa 1 cm Größe. – Ziemlich tangentialer Schnitt, der die Radien etwa ⊥ trifft. Zwischen den Strahlen etwas poriges, feinkörniges Bindemittel.
Vergr. 250mal.

Abb. 55. Black Reef, F. E. R.
Pyritknolle, konkretionär vom kompakten Typus, in situ sehr stark kataklastisch zerbrochen. Die „Strahlen" sind hier etwas krumm und unregelmäßig. Vergr. 30mal.

Abb. 56. Buckshot Pyrite Leader, F. E. R.
Anhäufung von Pyritknollen heterogener Natur: Porige zum Teil rhythmische Konkretionen, kompakte Konkretionen, „klare" Gerölle, junge in situ-Bildungen. Etwas Kataklase. Vergr. 8mal.

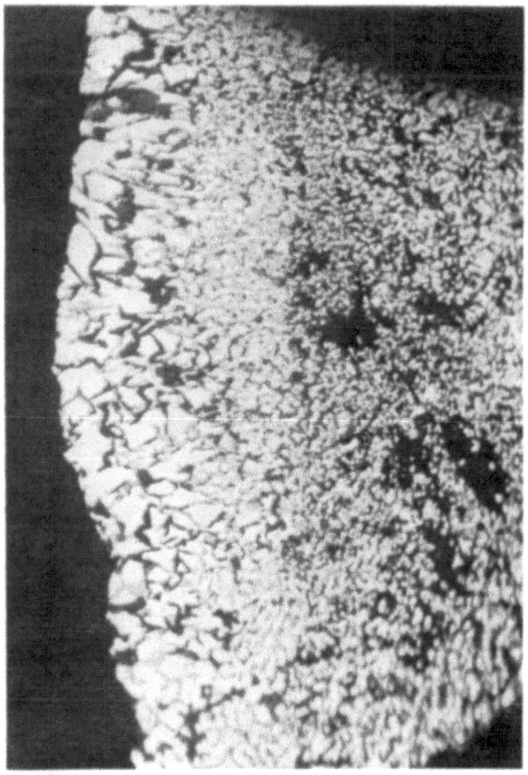

Abbildung 53

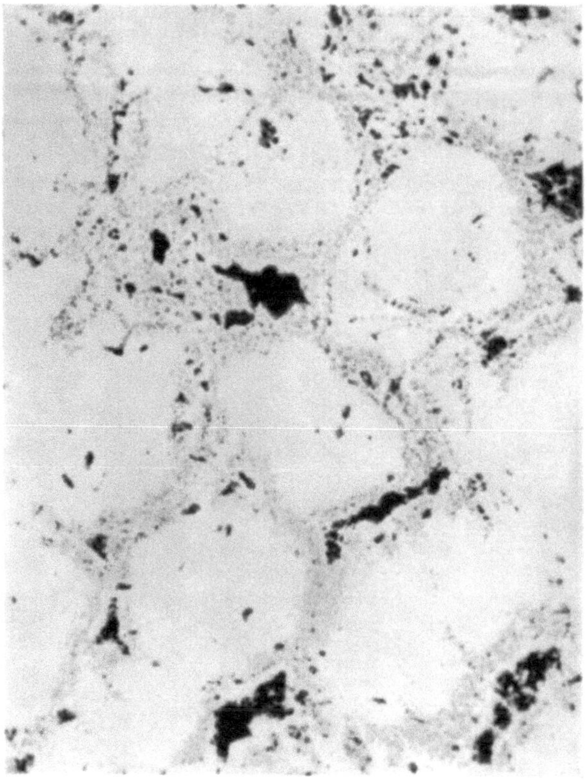

Abbildung 54

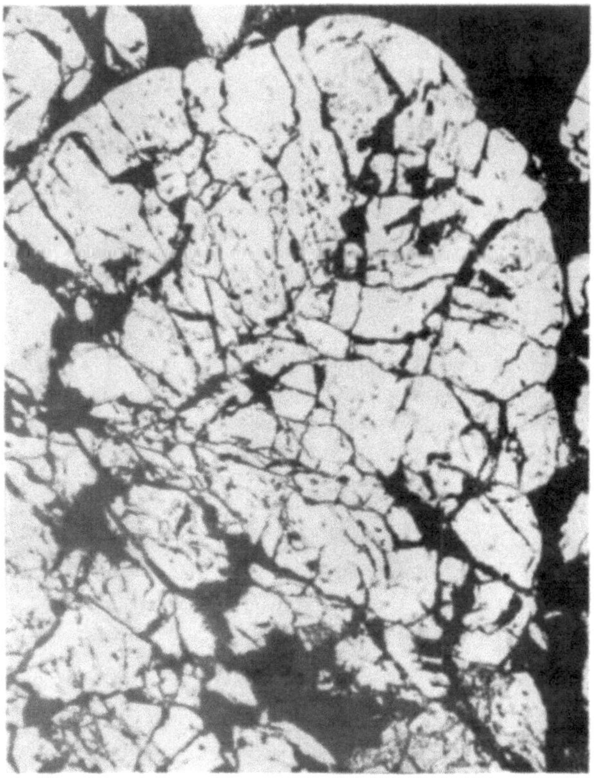

Abbildung 55

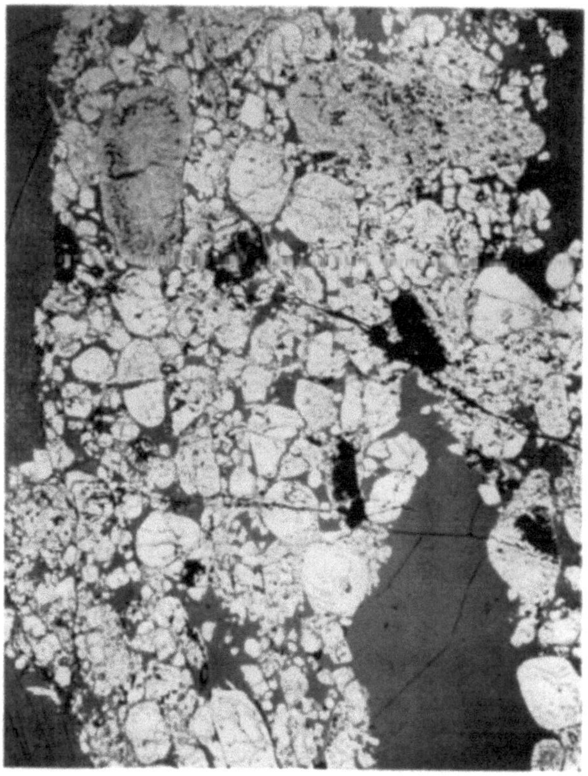

Abbildung 56

Abb. 57. Black Reef, F. E. R., ähnlich Abb. 58.
Neben großen und kleinen Konkretionen und Geröllen von Pyrit hier einmal ein Quarzgeröll bei →, wohl einem „banded ironstone" entsprechend, das an beiden Enden pyritisiert ist. Die große, zum Teil netzförmig bes. pyritreiche Knolle muß an Ort und Stelle entstandene Konkretion sein.
Vergr. 8mal.

Abb. 58. Black Reef, F. E. R.
Zahlreiche Pyritkonkretionen (meist klein) neben großen Pyritgeröllen (1, 2, 3, 4), die zum Teil an Ort und Stelle pyritisiert aus Fe-Erzen verschiedener Natur entstanden sind, zum Teil anderswo pyritisiert sind und bereits als Geröll an die jetzige Stelle kamen. Die kleineren Konkretionen sind, wie kleine Zerbrechungen zeigen, zwar etwas transportiert, hätten aber irgendwie nennenswerten Transport nicht ausgehalten.

Abb. 59. Black Reef, Far East Rand.
Hier tatsächlich sehr dunkel pigmentiert und zwar durch feinstschuppigen Graphit. Vereinzelte Pyritkonkretionen, zum Teil stark zerbrochen. Eine von ihnen sehr fein quarzdurchstäubt.
Vergr. ~ 8mal.

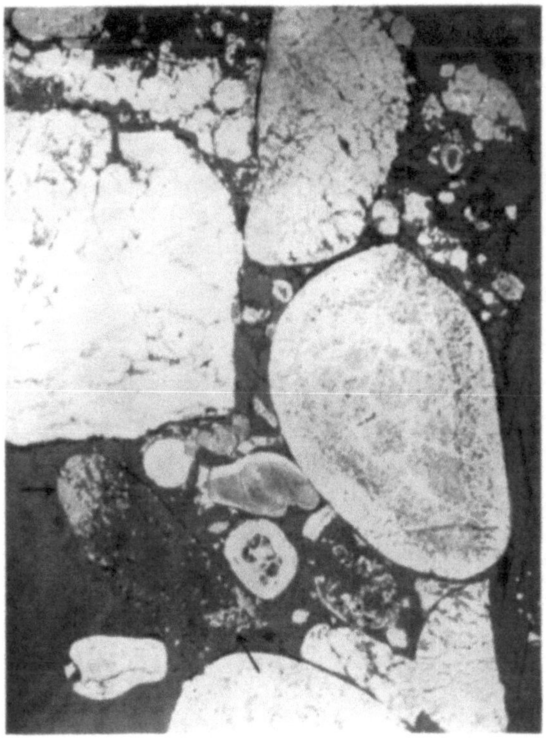

Abbildung 57

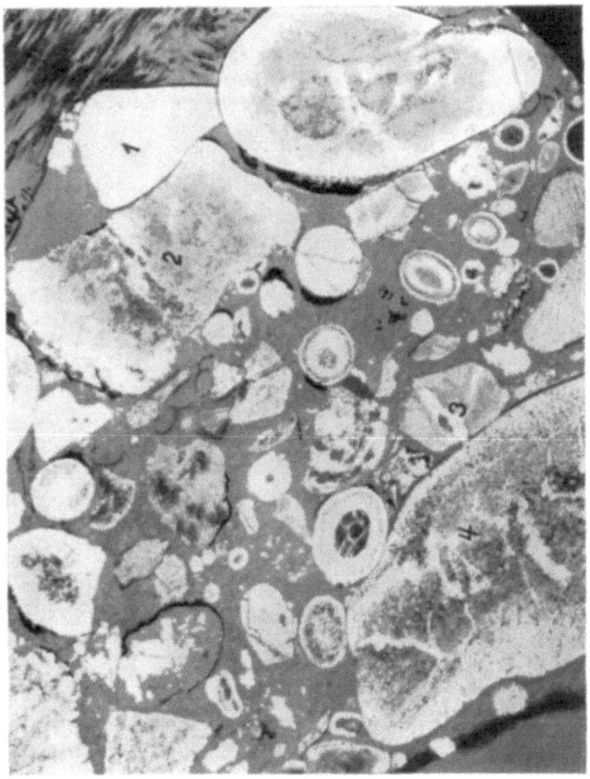

Abbildung 58

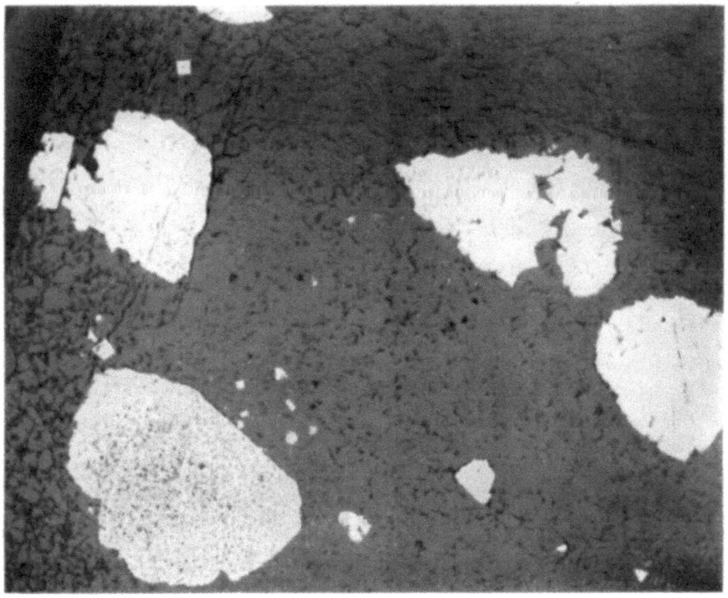

Abbildung 59

Abb. 60. Black Reef, Basal Conglomerate, F. E. R.
Fein imprägnativer, erheblich späterer Pyrit.
Vergr. 70mal.

Abb. 61. Govt. Areas Mine, F. E. R.
Ganz junger, sprungfüllender Pyrit, der sich an der Grenze Reef-Liegendes stark verästelt.
Vergr. 80mal.

Abb. 62. Geduld Mine, F. E. R.
Arsenkies (Danait) als Geröll neben Pyritgeröllen. In der gerundeten Knolle („lockere Konkretion") links das mittelgraue Mineral ist Magnetkies, aus Pyrit bei dessen Aufzehrung entstehend.
Vergr. 250mal.

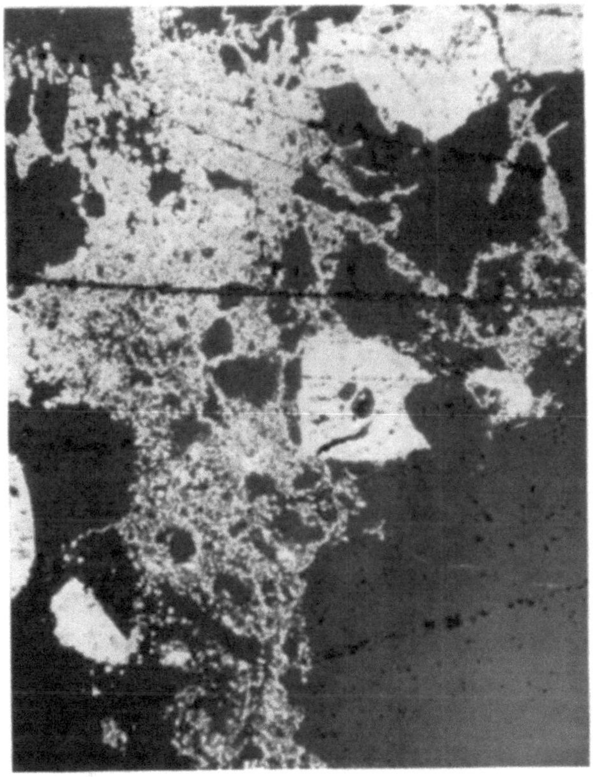

Abbildung 60

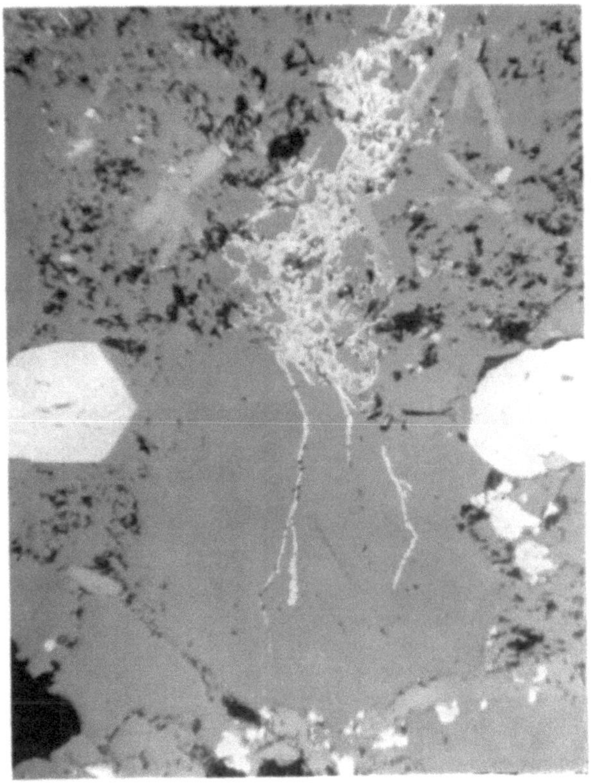

Abbildung 61

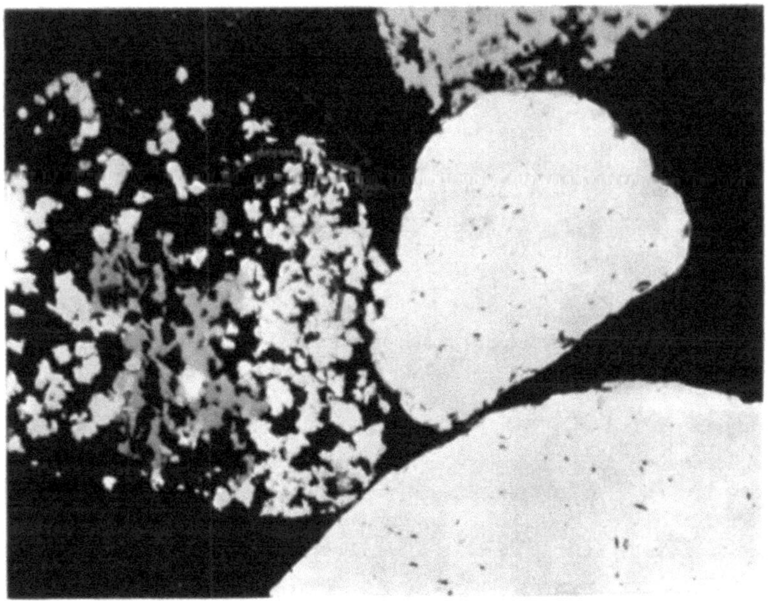

Abbildung 62

Abb. 63. Bastard Reef, Rietfontein.
Uranpecherzgeröll mit Strahlenkranz von Pyrit. UO_2 hat hier sehr deutlich Spaltbarkeit nach (111) 4 Richtungen! In der Gangart Quarz und Chloritoid.
Vergr. 150mal.

Abb. 64. Bastard Reef, Rietfontein.
Uranpecherzgerölle mit deutlicher Spaltbarkeit nach (111) und Pyritumhüllung. Daneben Chloritoid und Quarz.
Vergr. 150mal.

Abb. 65. Basal Konglomerate, O. F. S.
Spaltbarkeit nach (111) im Uranpecherz, daneben Skutterudit und Bleiglanz (grauweiß, im Bild nicht sicher unterscheidbar), Gold (leuchtend weiß) und kohlige Substanz (sehr dunkel grau). Die Kopie ist, um die Kontraste der hellen Mineralien zu zeigen, so dunkel, daß Uranpecherz fast schwarz erscheint.
Vergr. 500mal.

Abb. 66. Kimberley (May) Reef, F. E. R.
5 Gerölle von Uranpecherz neben ged. Gold, randl. eine porige Pyritknolle. Eines der Körner zeigt beginnende „Geister"bildung. 1 mm über der Liegend-Grenze.
Vergr. 150mal.

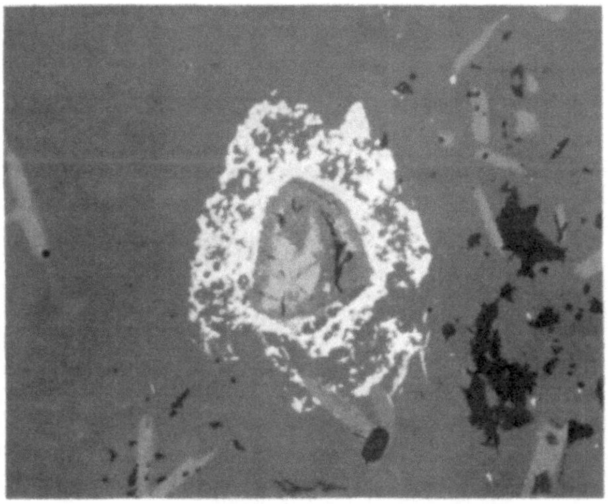

Abbildung 63

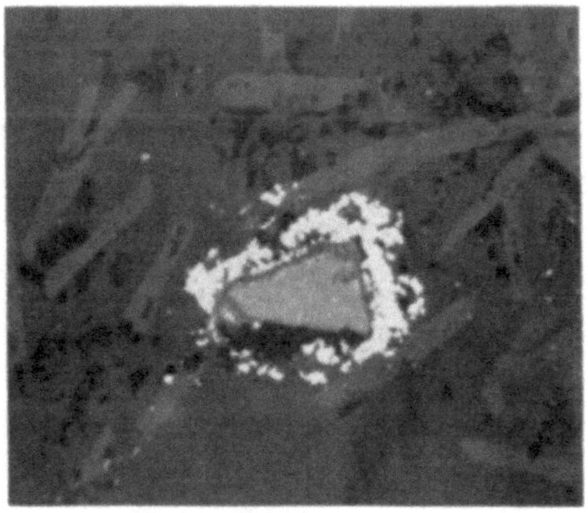

Abbildung 64

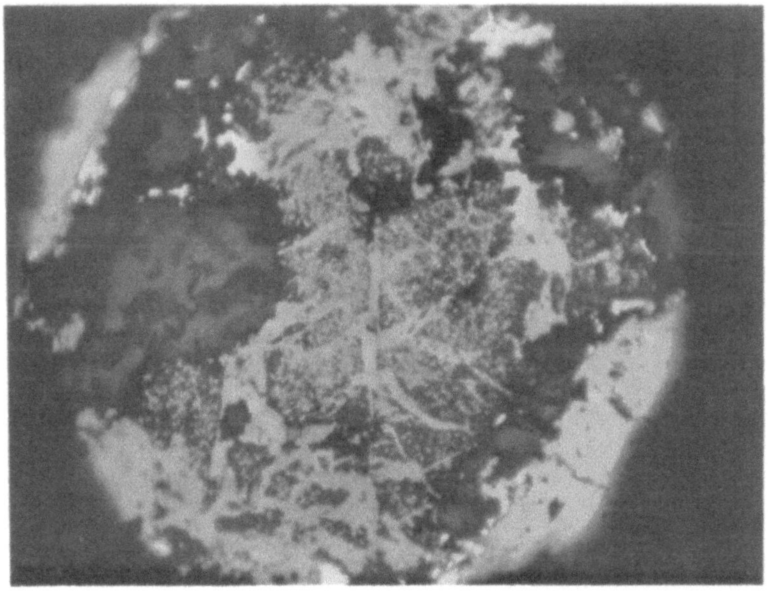

Abbildung 65

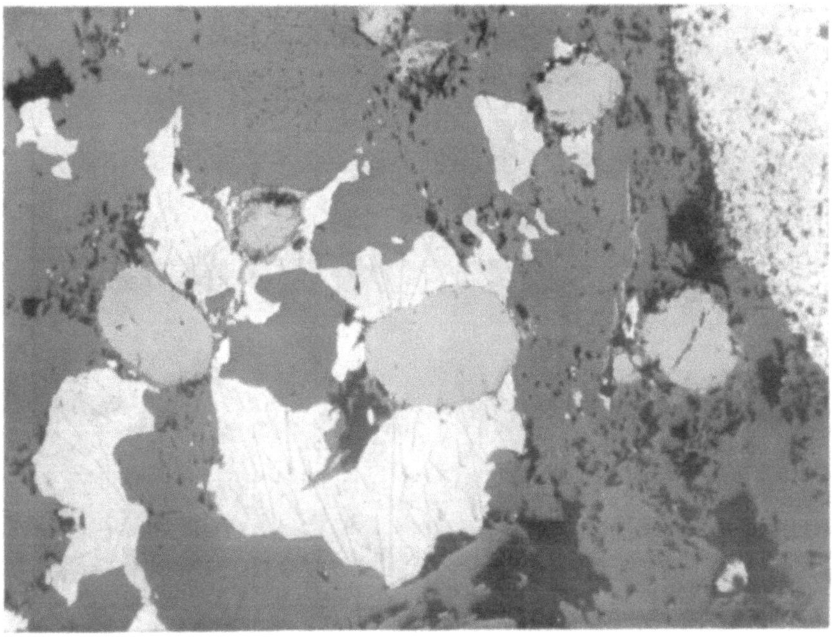

Abbildung 66

Abb. 67. Kimberley (May) Reef, F. E. R.
Uranpecherz mit eindringendem (also jüngerem) Gold. Umgebung fast ausschließlich Gold mit wenigen runden Körnern von Kupferkies (schwarz sind – wie in allen Ölimmersionsaufnahmen – die Gangarten, hier Quarz). UO_2 ist allerfeinst durchstäubt mit PbS.
Vergr. 250mal.

Abb. 68. Kimberley Reef, Far East R.
Uranpecherzknolle, zerbrochen. Älter als die weitergewachsenen Außenteile des umgebenden Pyrits.
Vergr. 230mal.

Abb. 68 a. Kimberley (May) Reef, F. E. R.
Uranpecherz (randl. angewittert oder thermal verändert) neben Pyrit und gegen dessen jüngste Partien sicher älter!
Vergr. 150mal.

Abb. 69. Basal Conglomerate, O. F. S.
Uranpecherz, bes. großes Korn in kohliger Substanz durchädert von Bleiglanz und wenig?? Pyrit (grauweiß).
Vergr. 250mal.

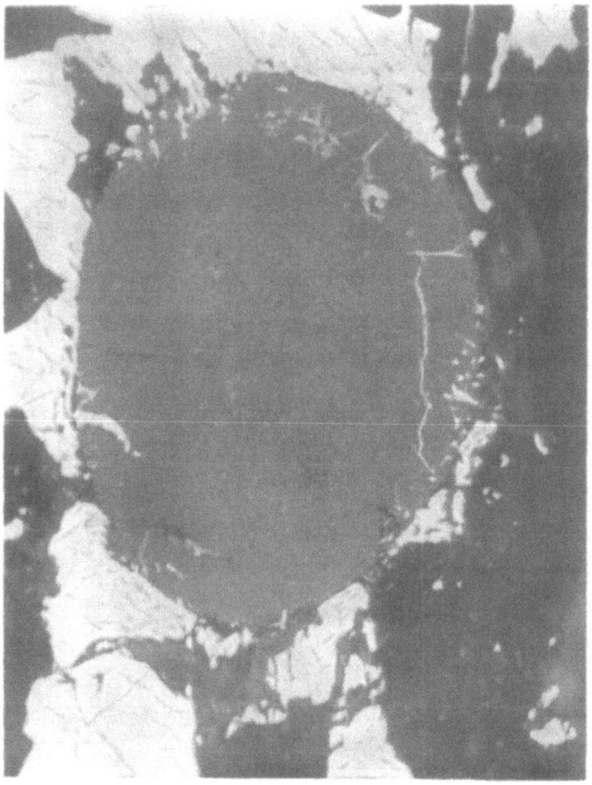

Abbildung 67

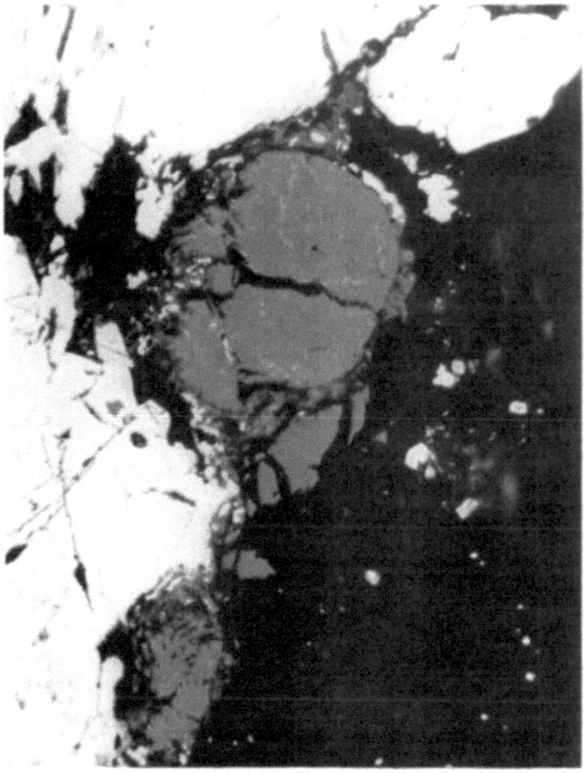

Abbildung 68

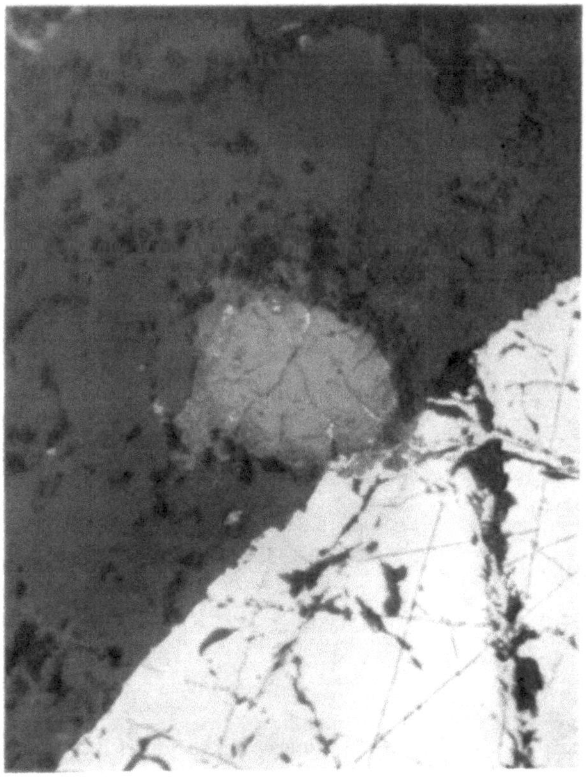

Abbildung 68 a

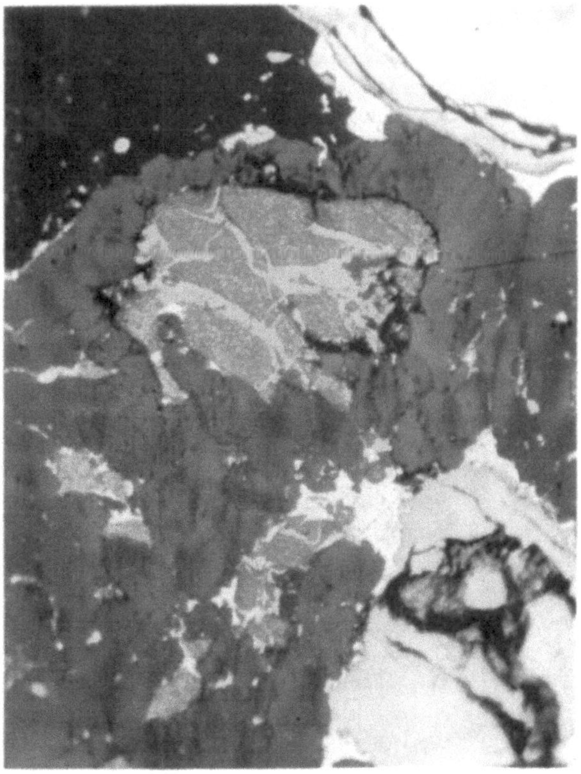

Abbildung 69

Abb. 70. Kimberley Reef, F. E. R.
Uranpecherzknolle mit ged. Gold. Diese Knolle ist *nachträglich* stark zersetzt unter Bildung transparenter Sekundärmineralien. – Die schwarzen Partien sind Löcher in dem hier nicht besonders gut gelungenen Schliff.
Vergr. 150mal.
Man sieht natürlich, daß Pechblende älter ist als Gold.

Abb. 71. Meyer & Charlton Mine, C. R.
Uranpecherz mit Zersetzungskruste und typ. schwarzem Saum. Reinweiß ist große Partie Gold, auch die kleinen sind meist Au. – Die Bleiglanz erfüllten Sprünge im UO_2 zeigen keinerlei Hinweis auf kolloidale Formen. Sie scheinen einem tektonischen Scherflächensystem zu entsprechen. – Ganz nahe dem Liegenden.
Vergr. 150mal.

Abb. 72. Kimberley (May)-Reef, F. E. R. liegendste Partie.
Uranpecherz mit Magnetkies- (evtl. Bornit-) durchstäubung (daneben – ununterscheidbar – Bleiglanz). – Aufnahme mit bes. rotempfindlicher Platte.
Vergr. 250mal.

Abb. 73. Kimberley Reef, F. E. R.
Uranpecherz, großenteils zersetzt, weitgehend von Pyrit umhüllt, also älter als dessen Bildung. Daneben Gold und Rutil.
Vergr. 250mal.

Abb. 74. Wie Abb. 73, aber Nicols gekreuzt. Die Geröllform des UO_2 kommt als tiefschwarzer Fleck jetzt gut heraus.
Vergr. 250mal N +.

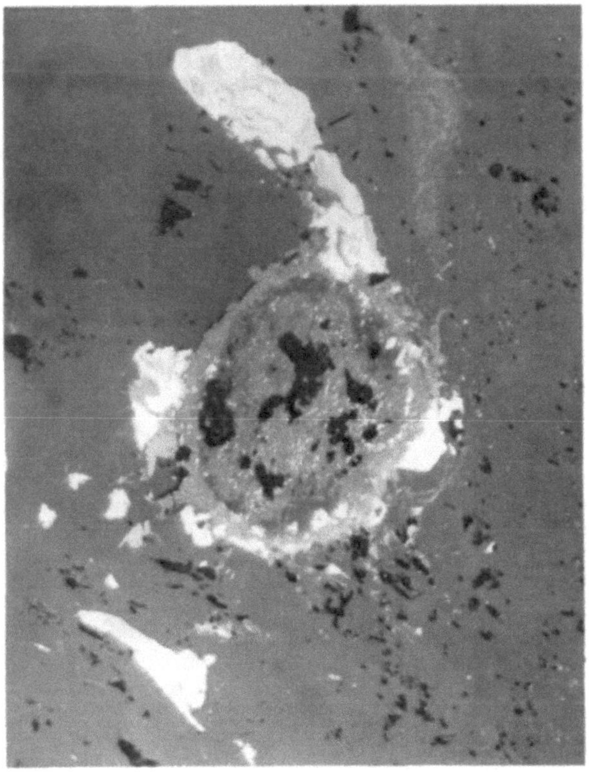

Abbildung 70

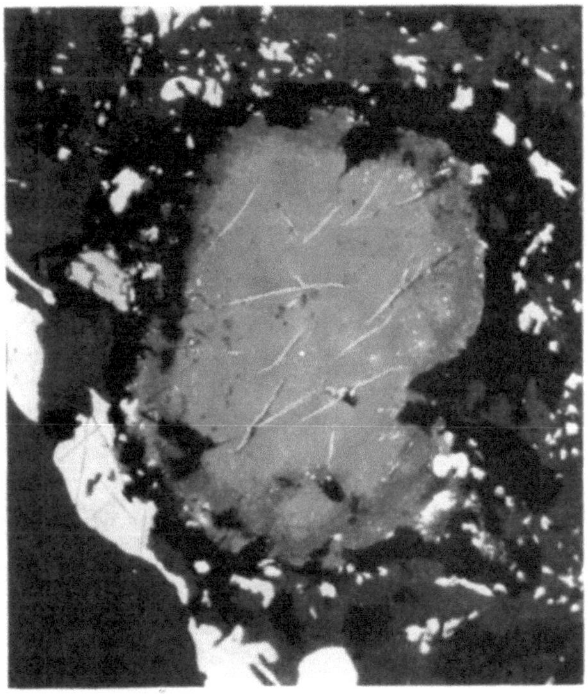

Abbildung 71

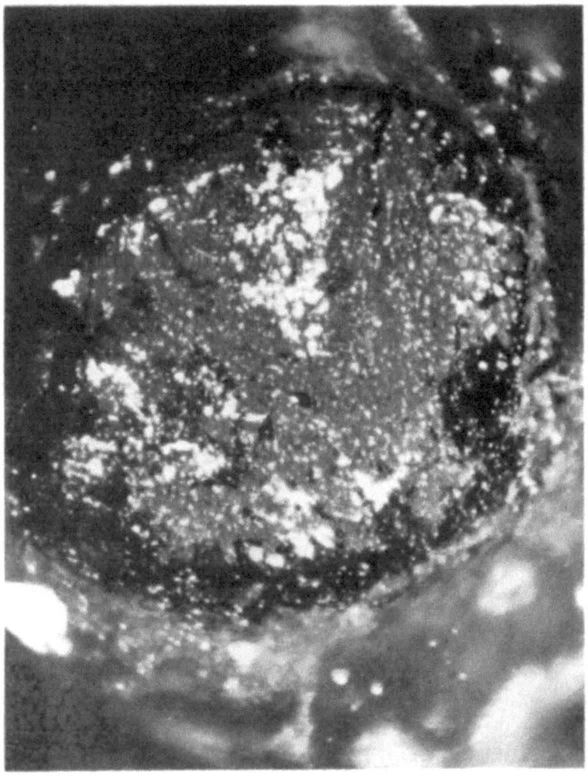

Abbildung 72

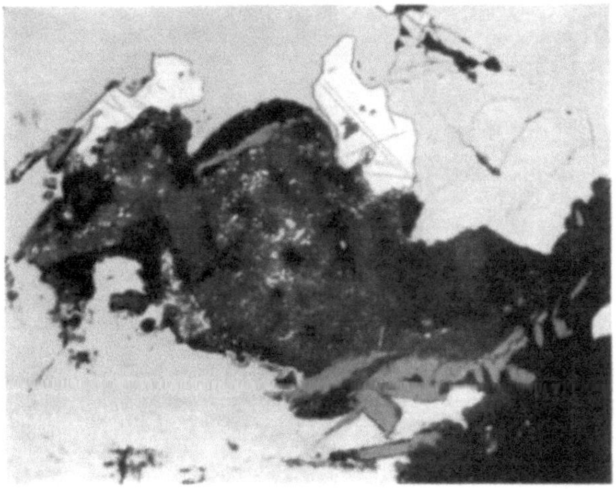

Abbildung 73

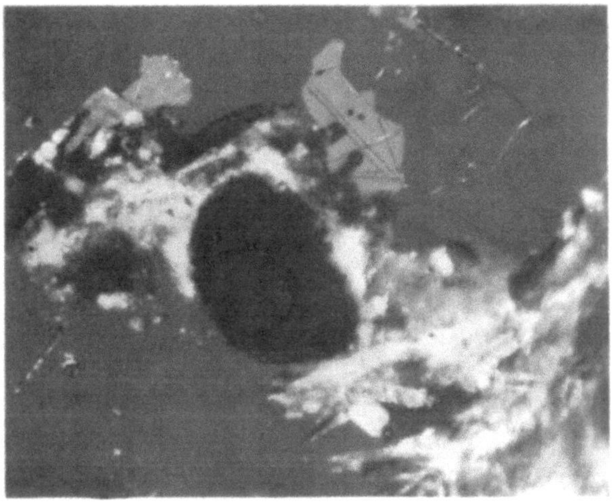

Abbildung 74

Abb. 75. Kimberley Reef, F. E. R.
Uranpecherz mit Gold, Pyrit, Chromit (Au, Py, Cr). Die Sprünge im Uranpecherz sind mit Bleiglanz erfüllt (also radiogenem PbS).
Vergr. 250 mal.

Abb. 76. Main Reef, F. E. R.
Uranpecherz und Uranpecherz„geister". Das Sulfid ist hier Magnetkies mit Pentlandit. Ein Chromitkorn (Cr) mit hellerem Saum.
Vergr. 250 mal.

Abb. 77. Dasselbe wie Abb. 76, aber Nicols gekreuzt, wodurch derselbe Effekt wie bei Dunkelfeldbeleuchtung entsteht. Man sieht jetzt die charakteristischen „Löcher", oft noch mit schwarzem Kern, umrahmt mit diffusen weißen Innenreflexen.
Vergr. 250 mal.

Abb. 78. Main Reef, F. E. R.
Uranpecherzgerölle – 3 Stück – fast völlig zersetzt und in ein weiß durchscheinendes Oxydationsmineral verwandelt, dessen R. V. auf einen Brechungsindex von ~ 2.2 schließen läßt. Ich vermute, daß man es – falls man es überhaupt sah – mit Rutil verwechselt hat. Dieser ist aber deutlich stärker reflektierend.
Vergr. 150 mal.

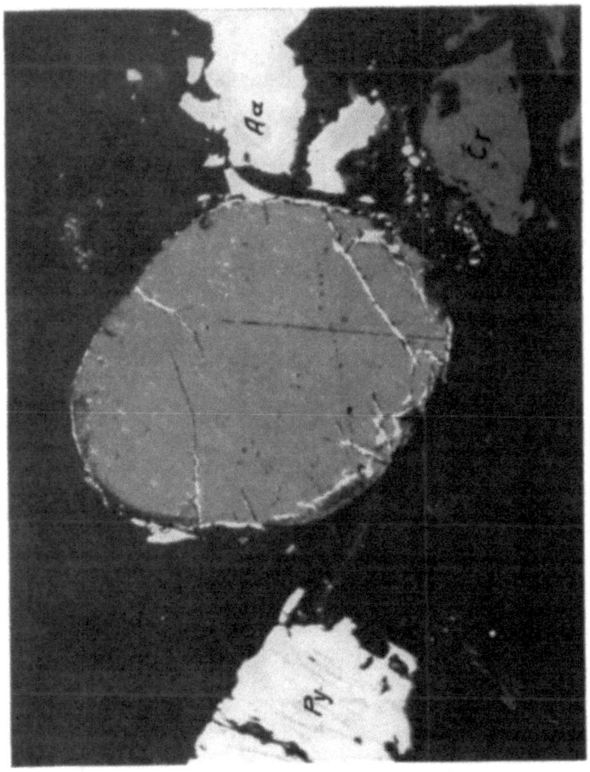

Abbildung 75

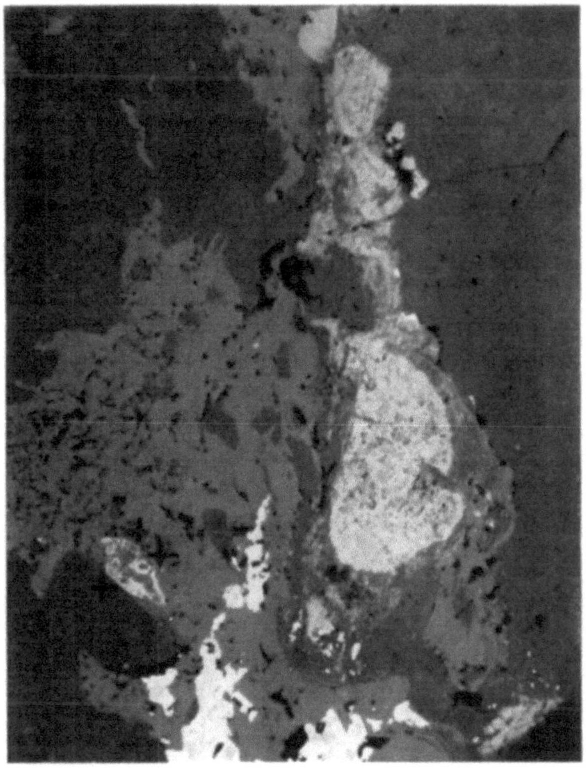

Abbildung 78

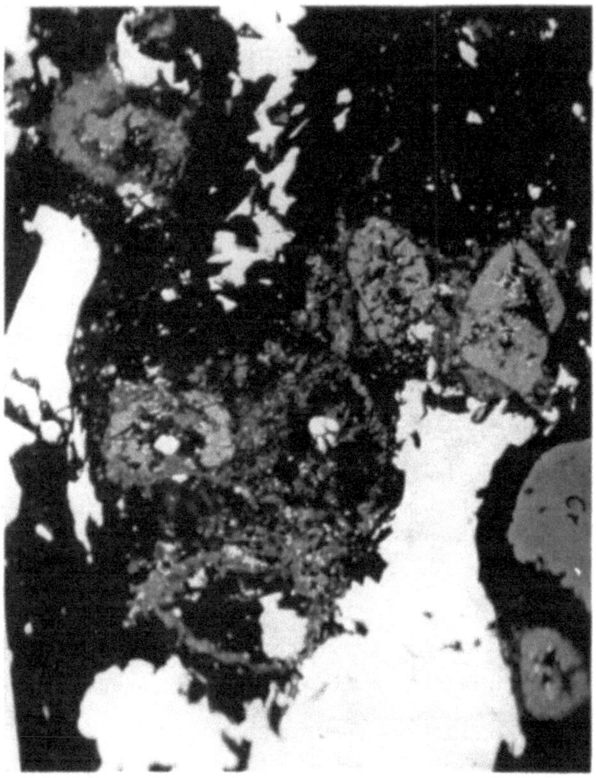

Abbildung 76

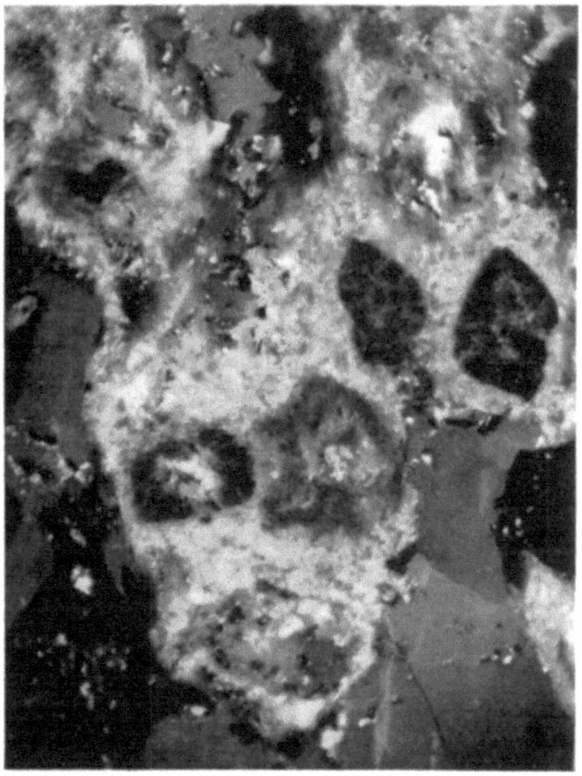

Abbildung 77

Abb. 79. Wölsendorf, Bayern.
Uranpecherz mit typisch traubiger Struktur (hier im Ausschnitt nicht erkennbar). Einlagerungen von uraltem Bleiglanz, die in der Zeit, als Uranpecherz noch geléeförmig war, skelettförmig und untereinander unorientiert wuchsen.
Vergr. 250mal.

Abb. 80. Witwatersrand (wohl Main Reef, Centr. Rand).
Eigentümliche Pseudomorphose mit zerbrochener Titanitkruste, die zentral eigentümliche weiße Nadeln oder Tafeln enthält. – Es könnte früher z. B. Brannerit oder Davidit gewesen sein. Dann könnten die weißen Täfelchen Bleiglanz sein, der vor der Weglösung des übrigen orientiert eingelagert war. Das weiße Mineral ist Rutil aus dem black sand.
Vergr. 250mal.

Abb. 81. „B"-Reef, O. F. S.
Fraglich radioaktives Mineral mit sehr hohem PbS-Gehalt, randlich in schwach refl. Substanz übergegangen. Bei +N. fast genau den Eindruck eines UO_2-Geistes machend.
Vergr. 250mal.

Abb. 82. „B"-Reef, O. F. S. wie Abb. 81 aber +N.

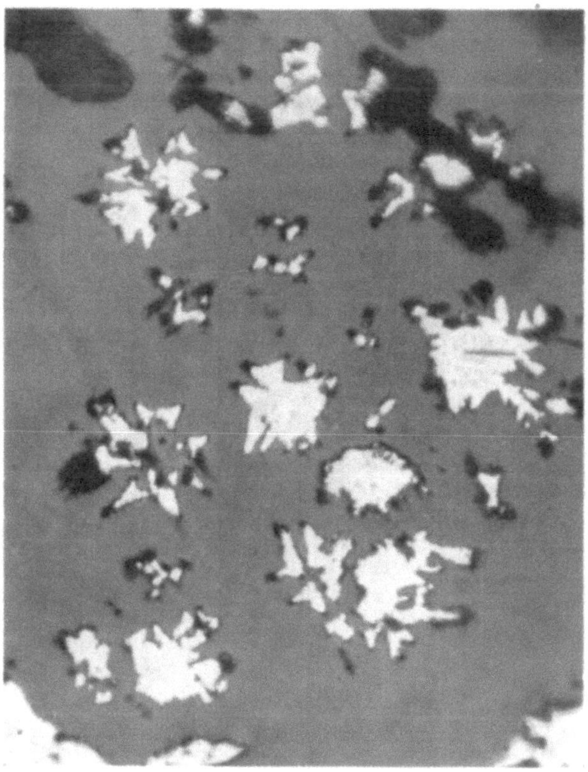

Abbildung 79

Abbildung 80

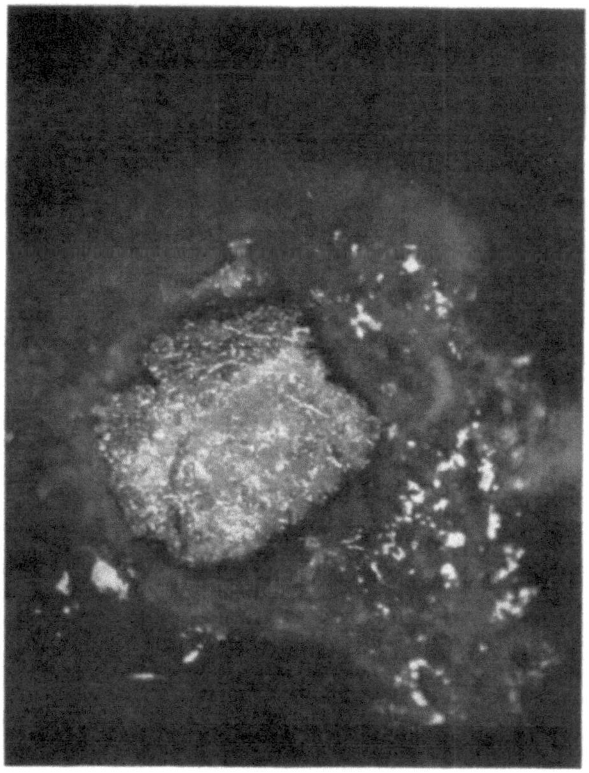

Abbildung 81

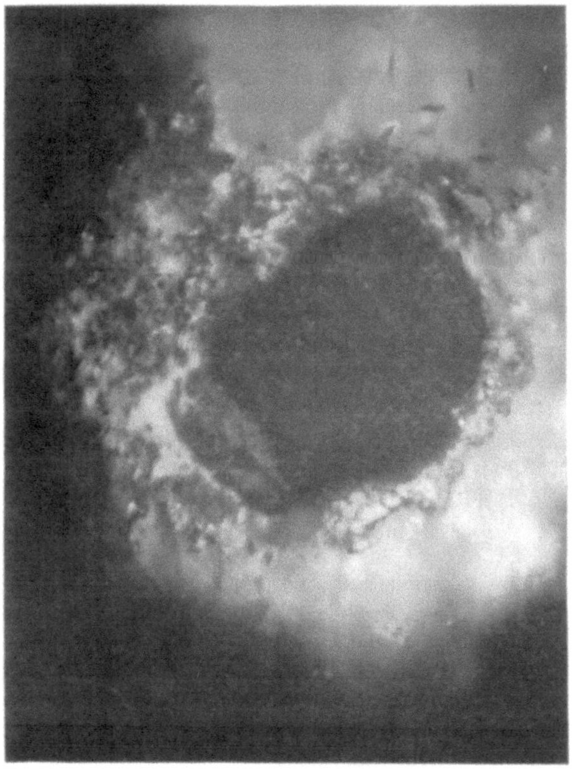

Abbildung 82

Abb. 83. Basal Reef, O. F. S.
„Kohlige Substanz“, hier sicher zunächst an Ort und Stelle noch bewegliches Bitumen, ist auf Korngrenzen im Quarz gewandert und hat sich offenbar etwas im Pfeilsinn bewegt. Im jetzigen Zustand ist sie von den anderen Massen „kohliger Substanz“ mikroskopisch nicht zu unterscheiden.
Vergr. 150mal.

Abb. 84. Black Reef, Basal conglomerate, F. E. R.
„Kohlige Substanz“, in Öl sehr geringes Reflexionsvermögen, zeigt einen sehr viel stärker reflektierenden, also stärker inkohlten Rand. Die kohlige Knolle scheint hier als *Geröll* vorzuliegen. Die randlich stärkere Inkohlung könnte durch Zirkulation radioaktiver Wässer bedingt sein (aber bitte mit aller Reserve!).
Vergr. 250mal.

Abb. 85. Modder Deep Mine, gesammelt 1929. „Kohlige Substanz“ mit eigentümlich fleckenartig verschiedenem Reflexionsvermögen. Die weißen Einschlüsse sind Gold. Die zersprungene Knolle ist Pyrit.
Vergr. 80mal.

Abb. 86. Modder Deep Mine, F. E. R. – „Kohlige Substanz“ in zwei, hier einmal durch deutlichen Sprung[1]) im Reflexionsvermögen verschiedenen Varietäten und außerdem kleinen schwarzen (wie Bakterienpräparat aussehend) durchscheinenden Einlagerungen, die wohl „Verdauungsrelikte“ von UO_2 sind. Rein weiß ist Gold. – Allerstärkste Vergrößerung (gerade dieses Präparat ist übrigens auch elektronenmikroskopisch untersucht) zeigt allerfeinsten Staub von radiogen entstandenem Bleiglanz in solcher Menge, daß die kohlige Substanz im Alter jedenfalls als „ururalt“ (keinesfalls Karrroo!) festgelegt ist.
Vergr. 250mal.

[1]) Die von D. & B. versuchte Trennung der kohl. Substanz in 3 Typen ist – auf breitere Sicht – völlig unhaltbar.

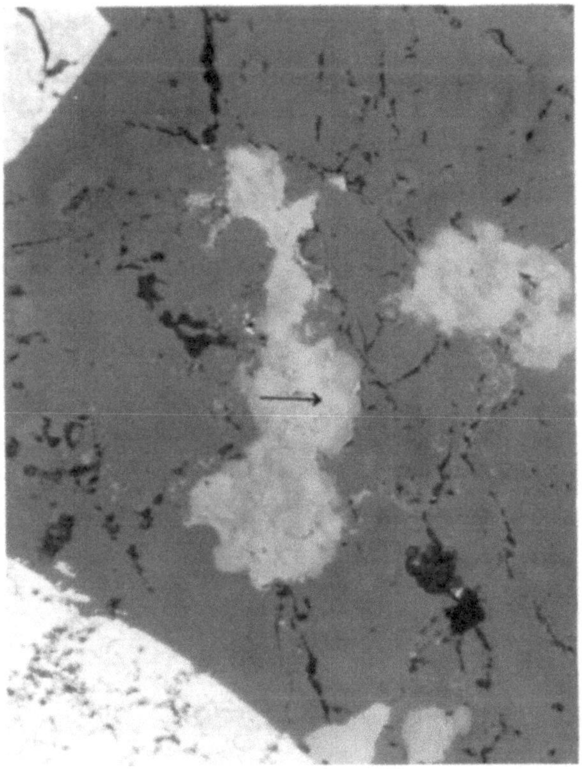

Abbildung 83

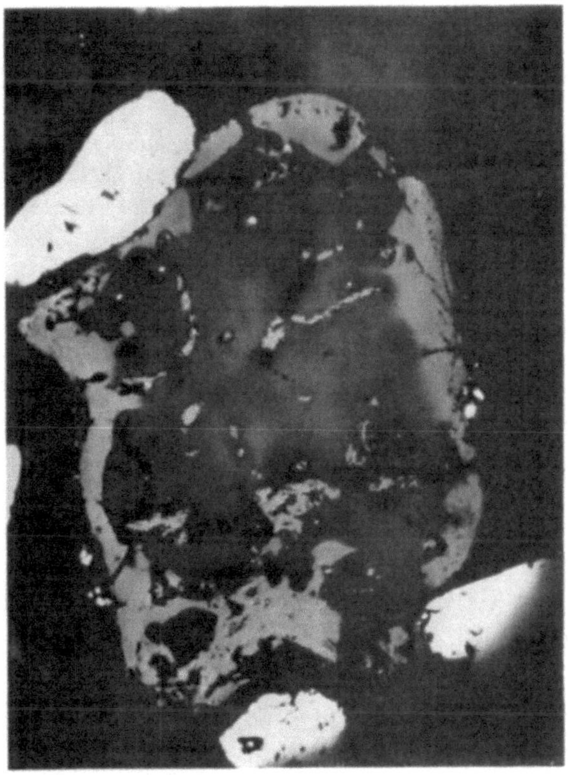

Abbildung 84

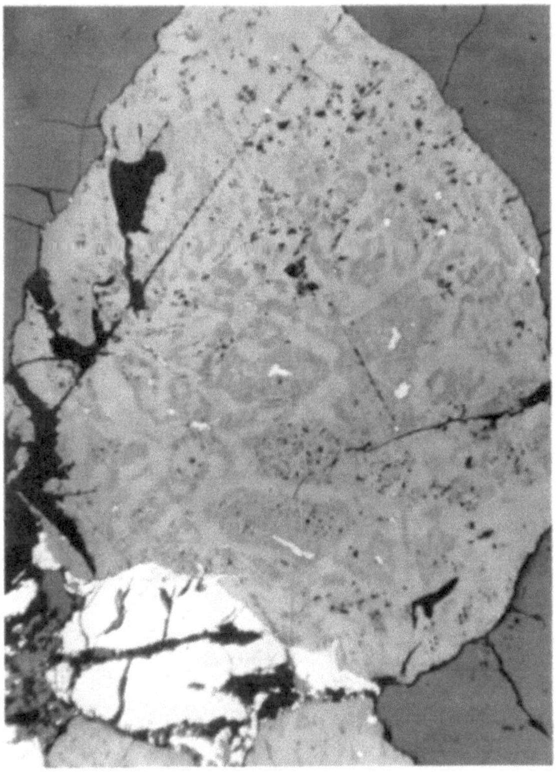

Abbildung 85

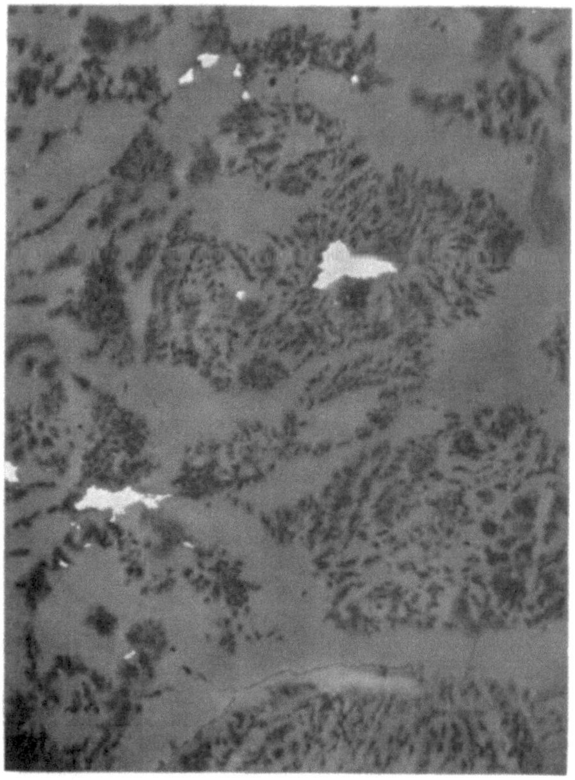

Abbildung 86

Abb. 87. Kimberley Reef, F. E. R.
Kohlige Substanz mit UO_2 zwischen Pyrit und Quarz, unmittelbar über dem Liegenden (feinkörnig, unten).
Vergr. 20mal.

Abb. 88. Basal Reef, O. F. S.
Pyrit, teils Konkretionen, teils (im wesentlichen die „klaren") Gerölle, mit dicken Partien von „kohliger Substanz", die reichlich UO_2 und Gold führt. Viel Gold auch als Bindemittel zwischen Pyrit.
Übersicht, Vergr. etwa 30mal.

Abb. 89. Main Reef, F. E. R.
Uranpecherz in Bruchstücken in „kohliger Substanz". Der visuell wie photographisch sehr geringe Helligkeitsunterschied ist durch geeignete Filterwahl stark betont. – Die „kohlige Substanz" ist schon in situ stark zerbrochen.
Vergr. 250mal.

Abb. 90. Kimberley Reef, F. E. R.
„Kohlige Substanz" mit *Uranpecherz*, *Gold* und von diesem umhüllten *Skutterudit* (oder Linneit – neben dem hellen Gold ist die Bestimmung nicht ganz sicher!). Im (kataklastischen! – also jedenfalls nicht auf späte Hydrothermaldeutung hinweisenden) Uranpecherz feinster Bleiglanzstaub.
Vergr. 250mal.
Das Reflexionsvermögen von „kohliger Substanz" und Uranpecherz ist hier photographisch unbequem ähnlich.

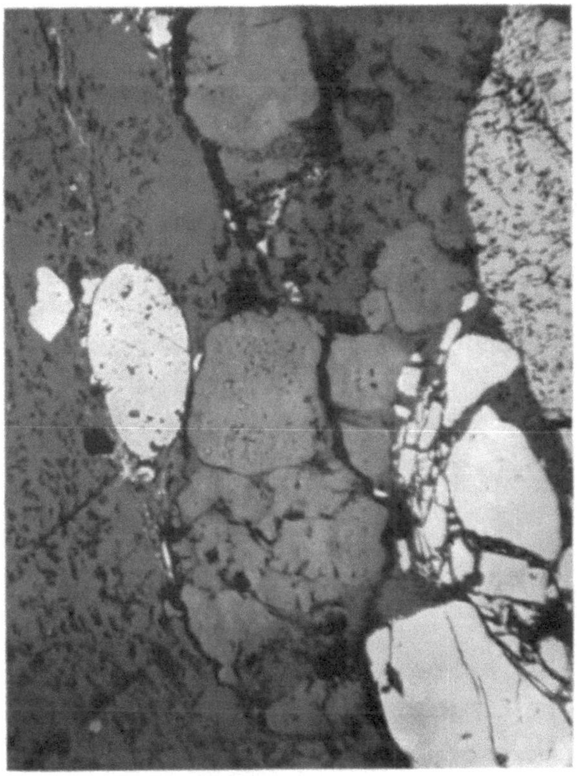

Abbildung 87

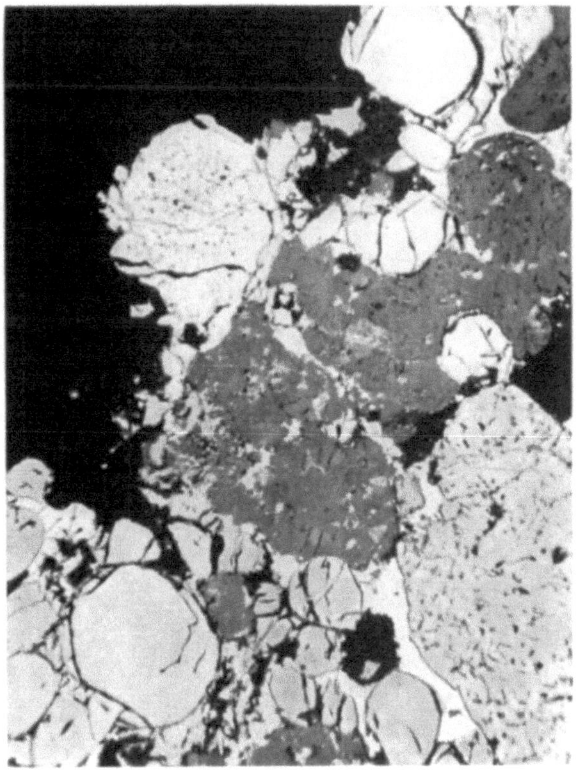

Abbildung 88

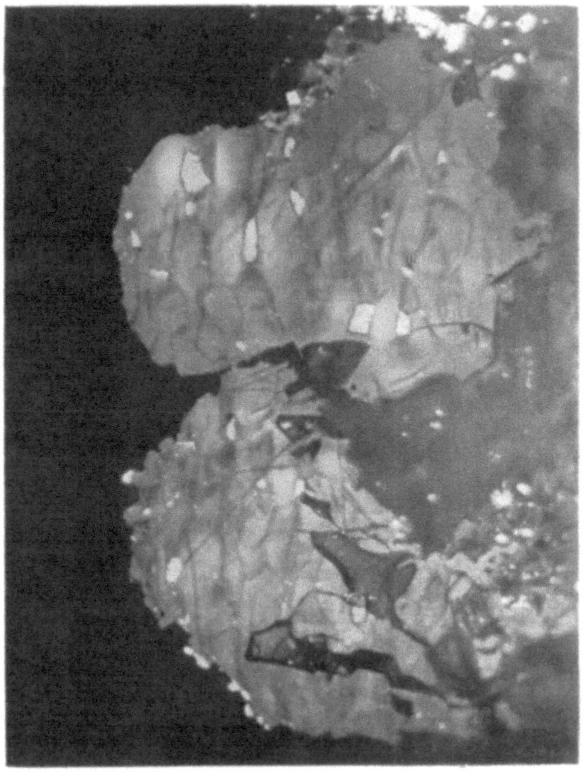

Abbildung 89

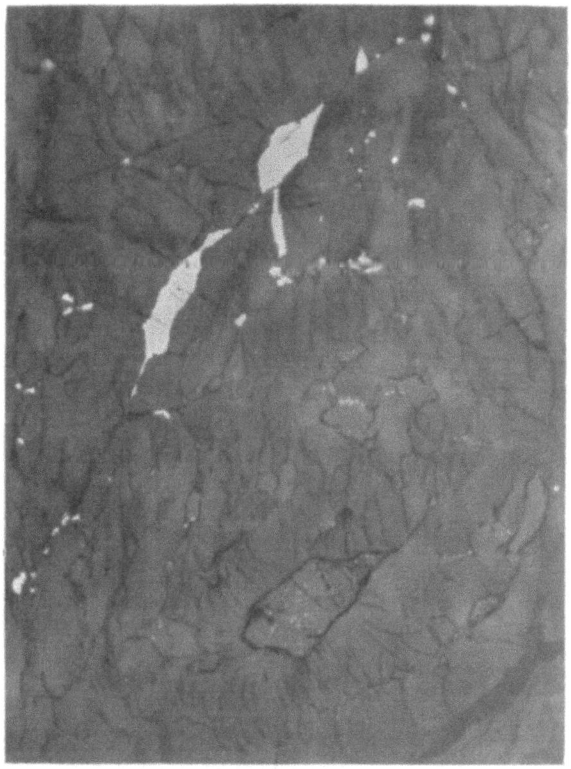

Abbildung 90

Abb. 91. Black Reef, Basal conglomerate.
Uranpecherz in eckigen Stücken mit Sulfidpunktierung in „kohliger Substanz". In der Nachbarschaft des Uranpecherzes ist das Reflexionsvermögen der Kohle (im Gegensatz zu Abb. 89 u. 93) stark verringert.
Vergr. 700mal.

Abb. 92. Main Reef, F. E. R.
Magnetkies umhüllt völlig ein Korn von „kohliger Substanz", in dem ziemlich gleichmäßige PbS-Durchstäubung enthalten ist. Magnetkies ist hier, wie auch Abb. 117 zeigt, deutlich jünger.
Vergr. 250mal.

Abb. 93. Kimberley Reef, F. E. R.
„Kohlige Substanz" mit kataklast. Uranpecherz. Die Bruchstücke passen zusammen – es ist also *kein* Gedanke, daß es sich um *neugebildetes* Uranpecherz handelt.
Vergr. 250mal.

Abb. 94. Geduld Mine, F. E. R.
„Kohlige Substanz", in der die Pechblende entweder „wegverdaut" ist oder überhaupt nicht vorhanden war. – Für letzteres spricht die gleichmäßige Verteilung des Bleiglanz in kohliger Substanz. Dann müßte eine metallorganische Verbindung vorgelegen haben (wenn man will ein „Thucholith").
Vergr. 250mal.

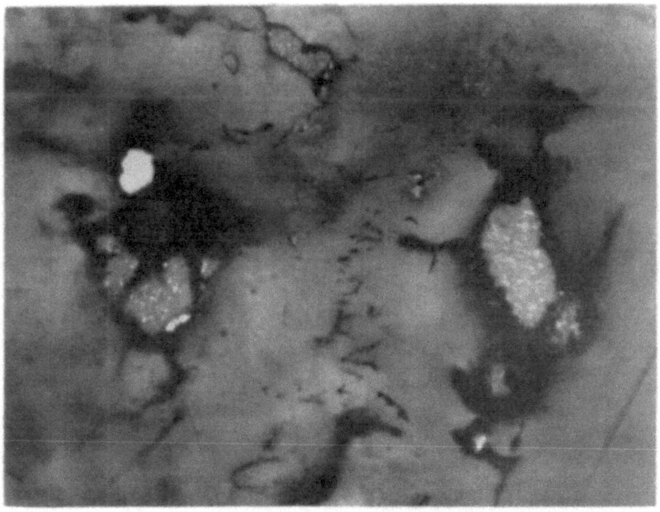

Abbildung 91

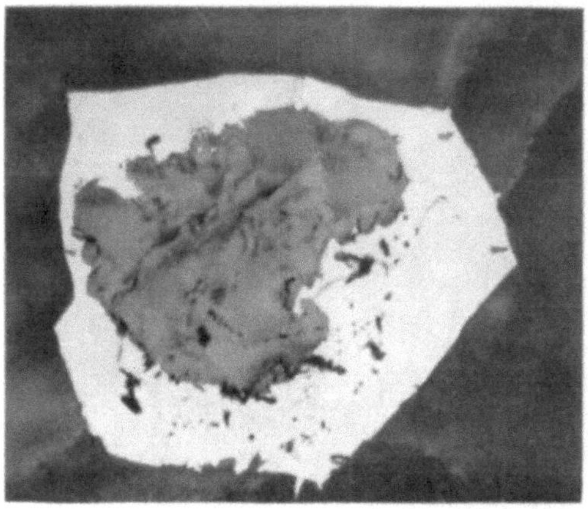

Abbildung 92

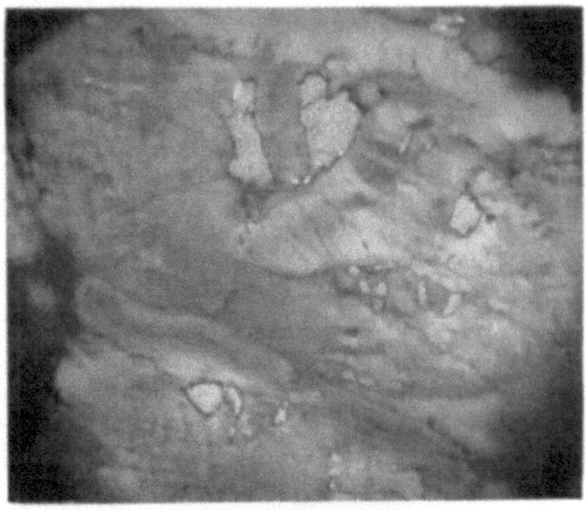

Abbildung 93

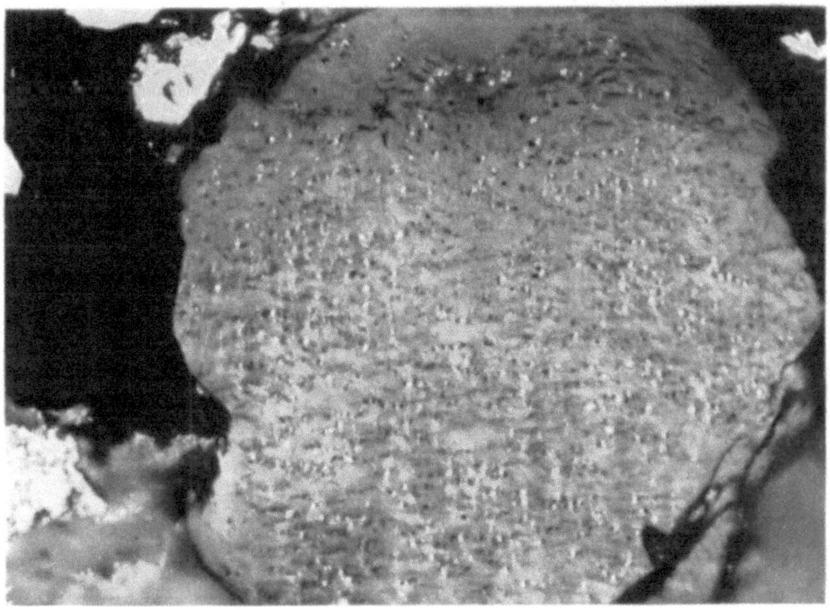

Abbildung 94

Abb. 95. Kimberley (May) Reef. F. E. R.
Iridosmium mit Pyritsaum, Gold und Pyrit, Pechblende. Diese Paragenese sitzt 0,1 mm über der Liegendgrenze.
Vergr. 150mal.

Abb. 96. Kimberley Reef.
Iridosmium mit Pyritsaum, an dem noch ein wenig Gold angrenzt. Das trotz des ‚relieffreien' Schleifens noch erhebl. Relief gegen Pyrit und die Kratzer zeigen die enorme Härte. Die deutliche Verfärbung am einen Ende ist ungeklärt, aber in Proben von Seifen aus dem Ural, Californien und Tasmanien in genau gleicher Form gefunden.
Vergr. 500mal.
Die wohlorientierte Umwachsung von Pyrit um Iridosmium ist kristallchemisch sehr interessant ($2c_0$ Iridosmium = Würfeldiagonale von Pyrit!).

Abb. 97. Kimberley (May) Reef, F. E. R.
Iridosmium schlecht poliert mit Gold (reinweiß) Kupferkies (lichtgrau), Linneit (ein wenig dunkler grau) in „kohliger Substanz" (hier sehr dunkel durch hartes Kopieren).
Vergr. 500mal.

Abb. 98. Basal Reef, O. F. S.
Primäres Gold in abgerolltem Pyrit daneben etwas Zinkblende und Kupferkies.
Vergr. 250mal.
N. B. Ähnliche Proben kommen auch schon im Main Reef und älter vor.

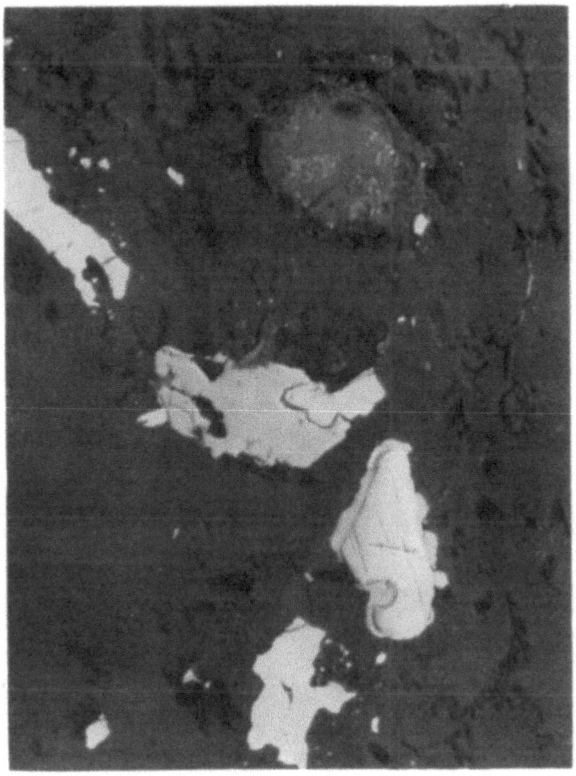

Abbildung 95

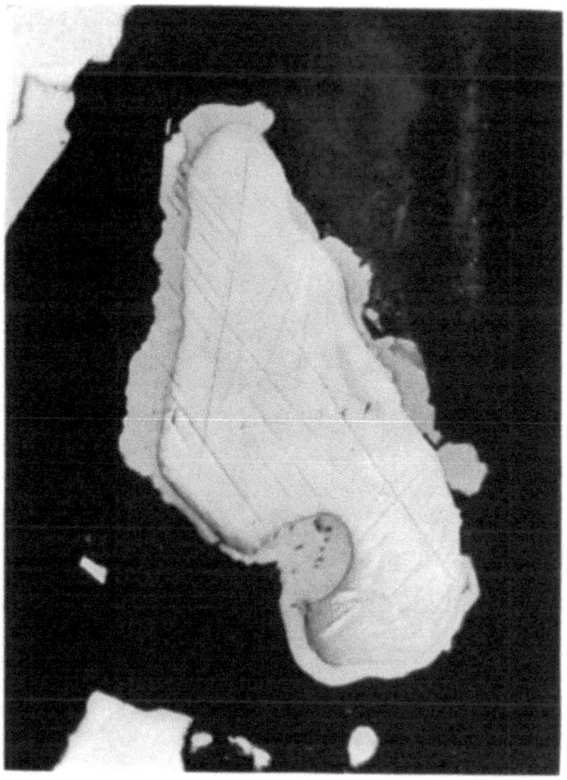

Abbildung 96

Abbildung 97

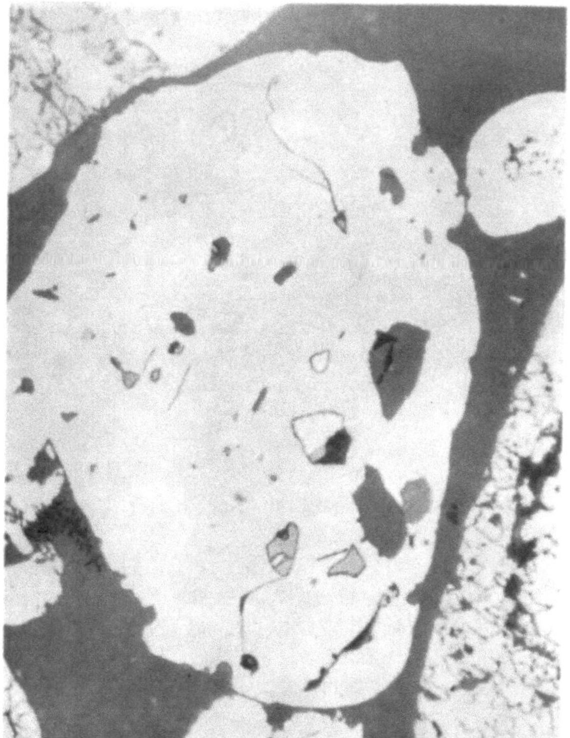

Abbildung 98

Abb. 99. Crown Deep Mine, C. R.
Main Reef, 2 mm über Liegendem. Gold (reinweiß), jünger als Pyrit (grauweiß), Kupferkies (mittelgrau) und Gangart (schwarz). Die zahlreichen Einschlüsse von Gold im Pyrit erfüllen hier wohl ausnahmslos zugeheilte Klüfte.
Vergr. 250mal.

Abb. 100. Eigentümliche *Einlagerung* eines mit *Kupferkies* in Farbe und Helligkeit fast genau übereinstimmenden Minerals, eine Spur härter. Grenze durch . . . . bezeichnet. Sonst Gold und Pyrit.
Vergr. 250mal.

Abb. 101. Kimberley Reef, F. E. R.
Gold mit Pyrit. Liegendste Partie (unmittelbar am Liegenden; das große Korn Gold steckt schon zu $^1/_3$ in ihm).
Vergr. 20mal.

Abb. 102. Crown Deep Mine, C. R., Main Reef.
2 mm über dem Liegenden Gold, Pyrit, Skutterudit (Spur dunkler als Pyrit).
Vergr. 250mal.

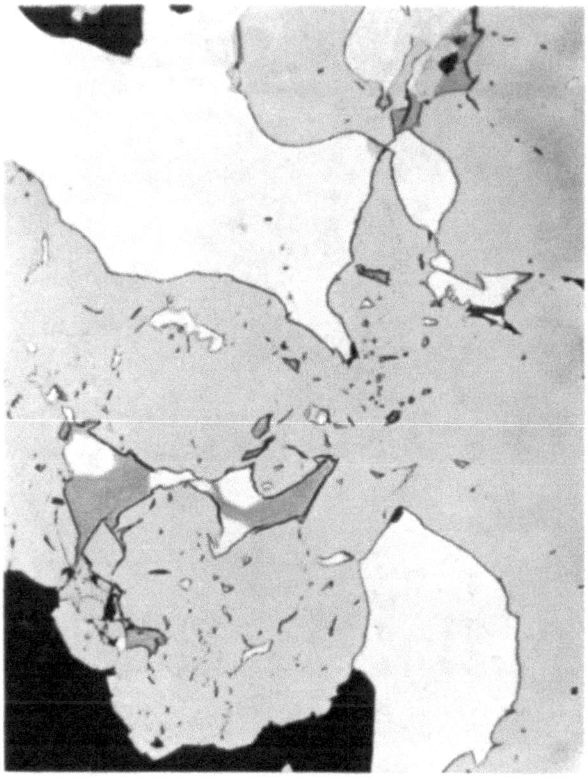

Abbildung 99

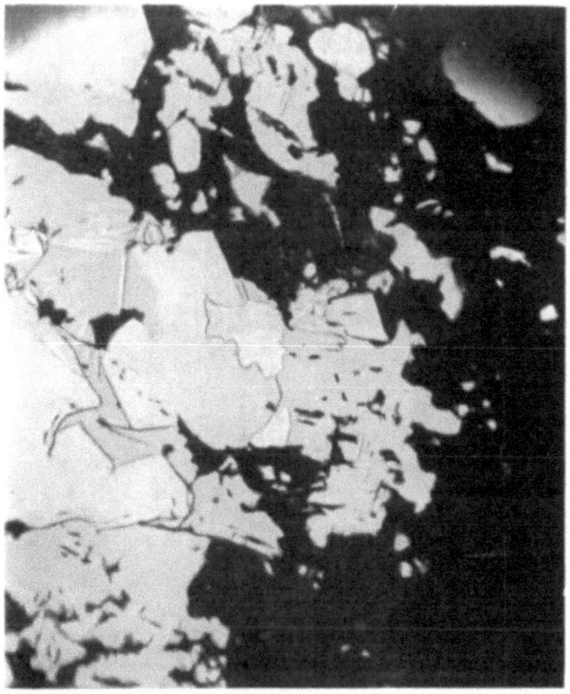

Abbildung 100

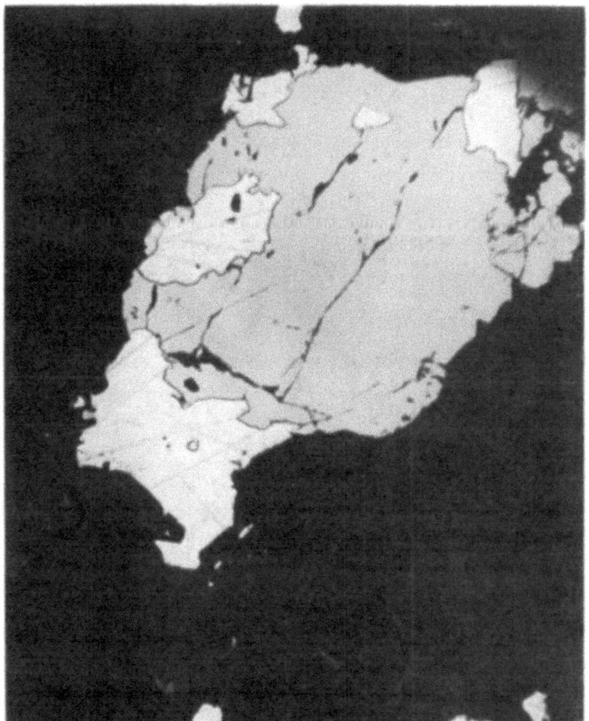

Abbildung 101

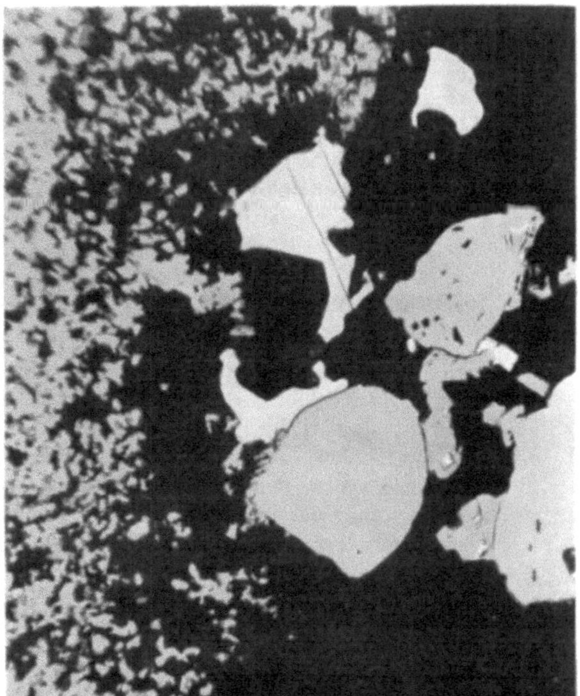

Abbildung 102

Abb. 103. Basal Reef, O. F. S.
Zerdrückter abgerollter Pyrit mit auf Sprüngen niedergeschlagenem Gold.
Vergr. 150mal.

Abb. 104. Geduld Mine, F. E. R.
Gold (hier schlecht poliert und dunkel erscheinend) in einem zerbrochenen, aber völlig verheilten Pyritgeröll. Das Gold ist hier sicher später zugeführt.
Vergr. 250mal.

Abb. 105. Modder Deep Mine, F. E. R., gesammelt 1929.
Gold verdrängt einen zerbrochenen Pyrit, weiter mehrere sehr große Partien mit Gold. Die große, fein mit Gold durchstäubte Partie ist „kohlige Substanz".
Vergr. 150mal.

Abb. 106. Kimberley (May) Reef, F. E. R.
Große porige Pyritknolle, offenbar ± in situ entstanden, jedenfalls wenig gerollt und nur ganz wenig außen später weitergewachsen, unmittelbar über der Liegendgrenze. Das Liegende ist gegenüber dem „Reef" etwas bewegt, so daß ein mit grobkörnigem Quarz und zwei „Lappen" von Gold erfüllter Druckschatten entstand. Anscheinend sind die „Goldlappen" noch etwas mitgeschleppt.
Vergr. 40mal.

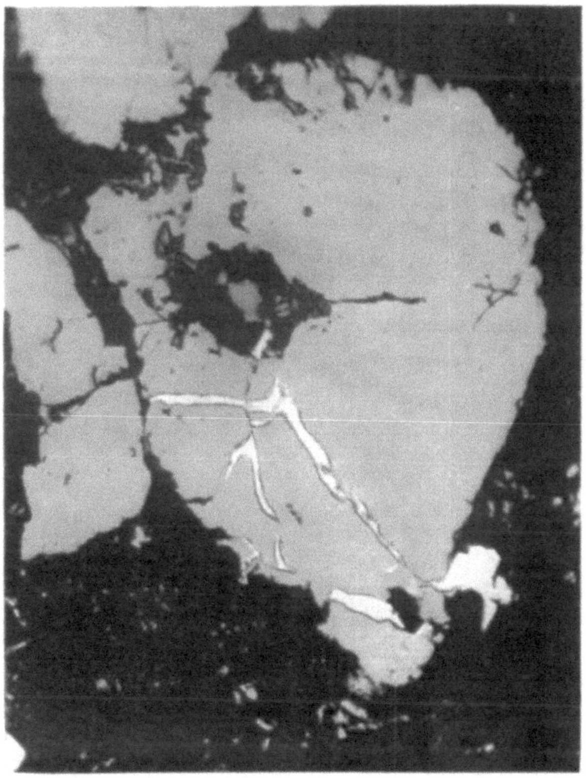

Abbildung 103

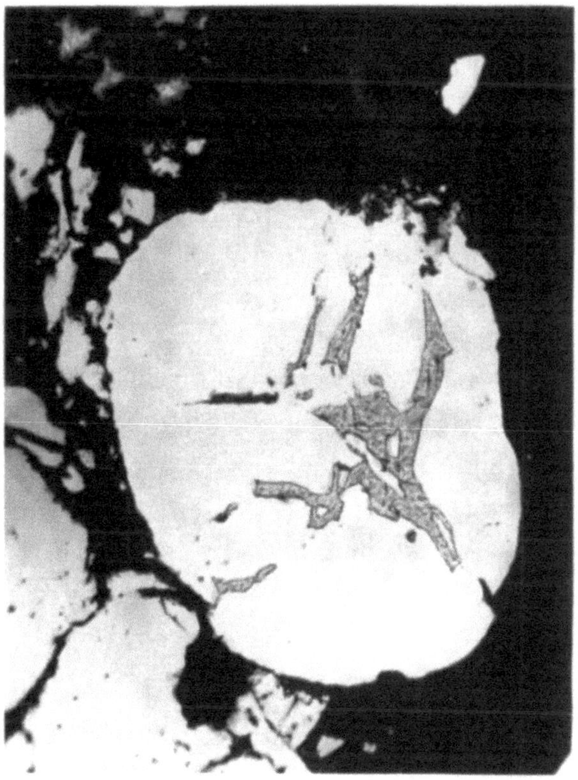

Abbildung 104

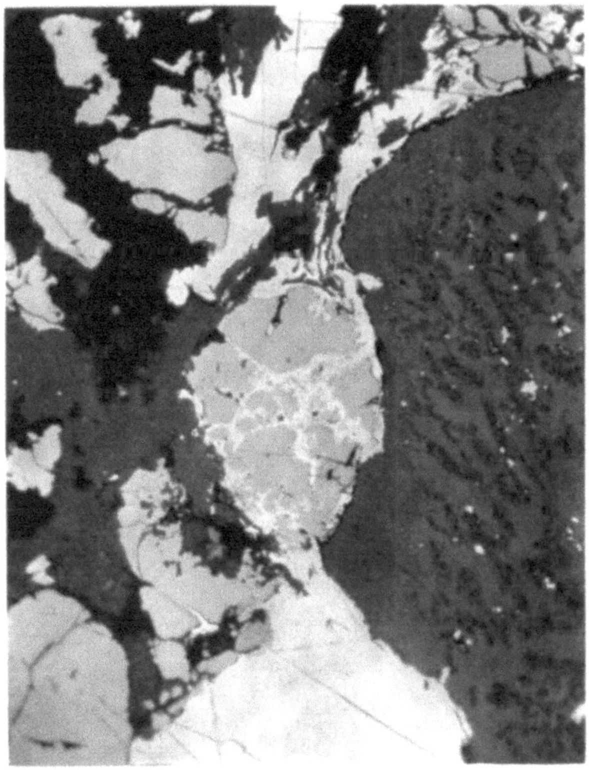

Abbildung 105

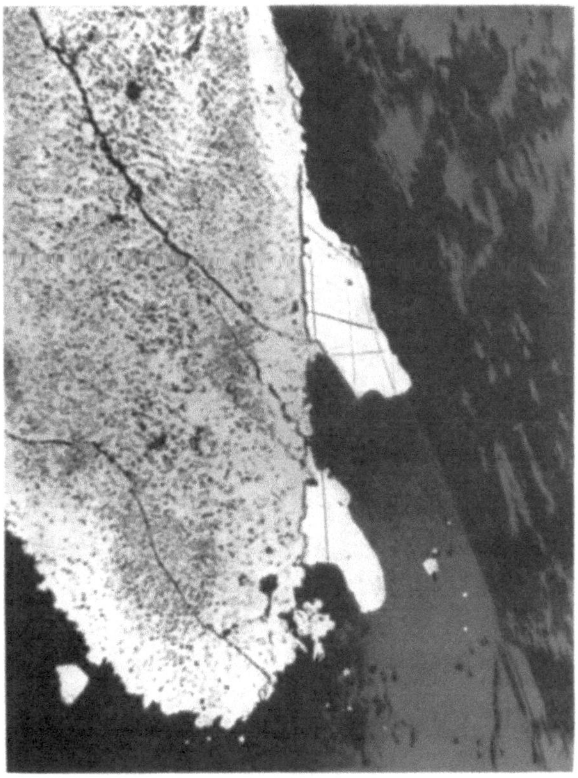

Abbildung 106

Abb. 107. Kimberley (May) Reef, F. E. R.
Gold umkrustet von Skutterudit neben teils idiomorphem, teils gerundetem Pyrit, wenig Rutil (dunkelgrau). – Die Gangarten (fast nur Quarz) sind bei Ölimmersion schwarz.
Vergr. 250mal.

Abb. 108. Main Reef Leader, Crown Deep, Sh. 2, lev. 5; C. R.
Gold umkrustet von Linneit; ein idiomorphes Pyritkorn etwas heller als Linneit.
Vergr. 250mal.

Abb. 109. Meyer & Charlton Mine, C. R.
Gold verdrängt Magnetkies (Magnetkies mit Schnittlage etwas verschiedenes Reflexionsvermögen), daneben etwas Rutil. Quarz fast schwarz kopiert.
Vergr. 150mal.

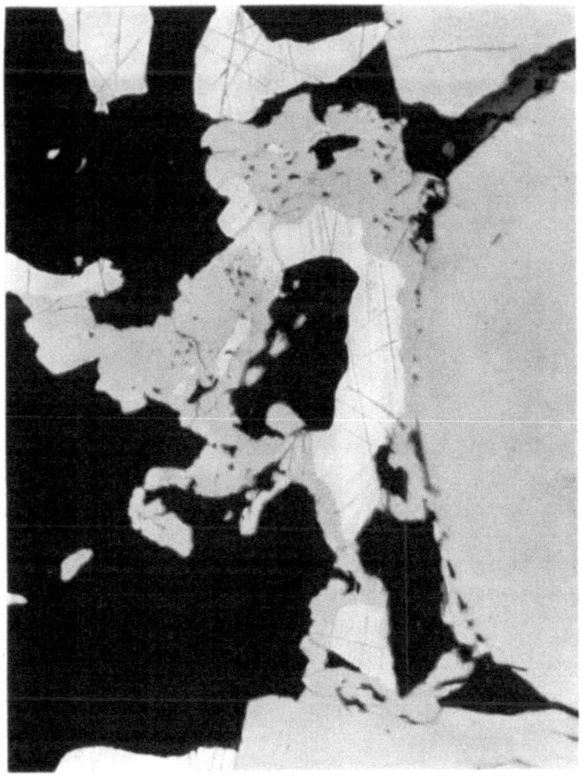

Abbildung 107

Abbildung 108

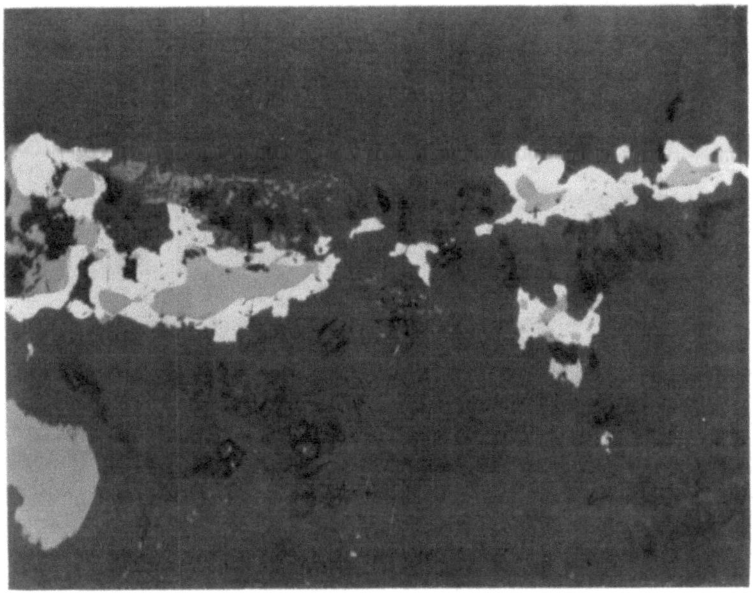

Abbildung 109

Abb. 110. Main Reef Leader, Crown Mine.
Magnetkies und Kupferkies und eine winzige Lamelle von Cubanit aus einem ± einkristallinen Pyritgeröll. Bildung sicher bereits aus *vor*konglomeratischer Zeit!
Vergr. 250mal.

Abb. 111. Crown Mine, C. R.
Pentlandit in „Flammen“ im Magnetkies neben Pyrit.
Vergr. 230mal.

Abb. 112. Main Reef, F. E. R.
Magnetkies mit β-Lamellen. Diese Lamellen fehlen sonst dem Rand-Magnetkies meist.
Vergr. 150mal.

Abb. 113. Main Reef, F. E. R.
Bildung des „Zwischenprodukts“ der Magnetkiesverwitterung ganz bevorzugt um einen „Uranpecherzgeist“. Das ist natürlich kein radioaktiver Hof im gewöhnlichen Sinn, sondern nur ein Zeichen, daß durch die Strahlung das Gitter etwas empfindlicher geworden ist.
Vergr. 250mal.

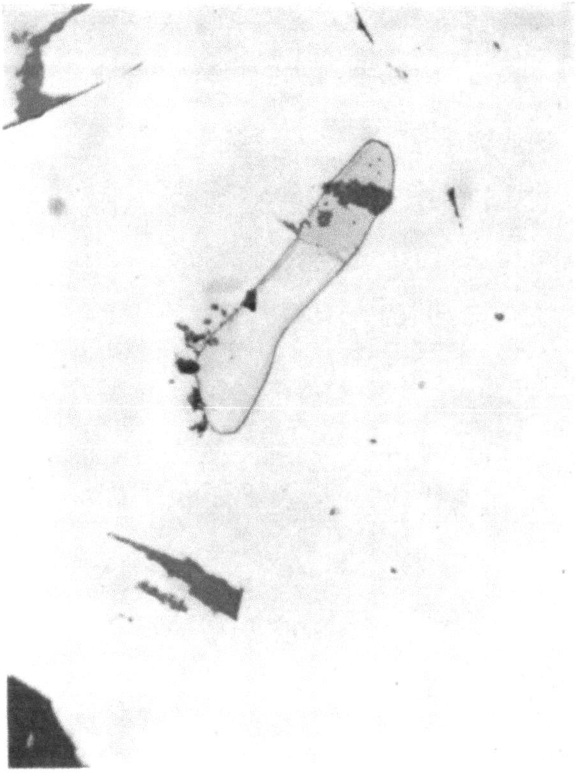

Abbildung 110

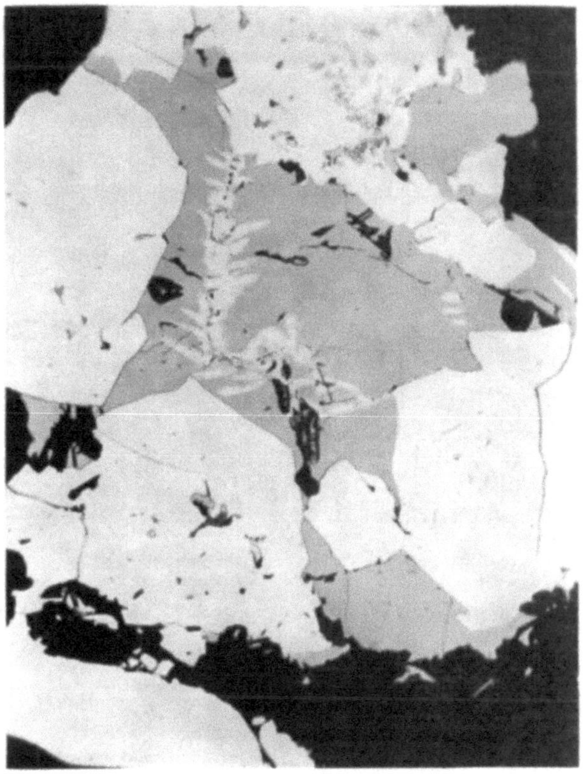

Abbildung 111

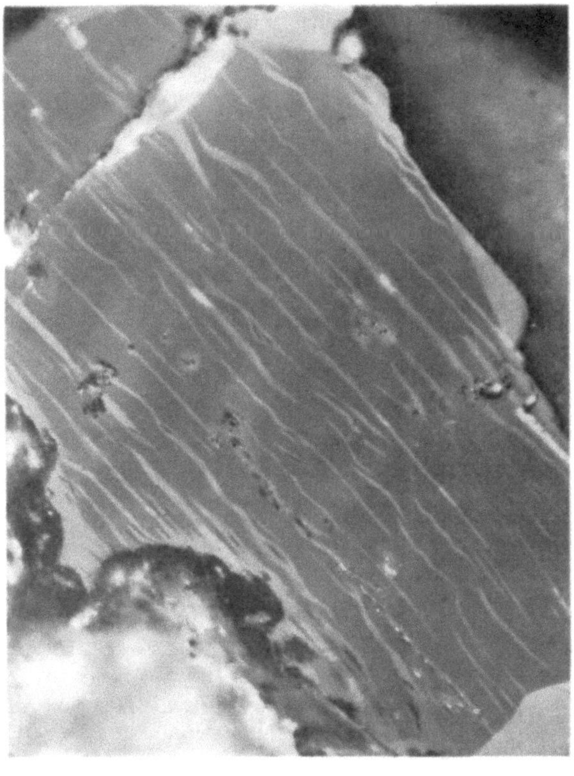

Abbildung 112

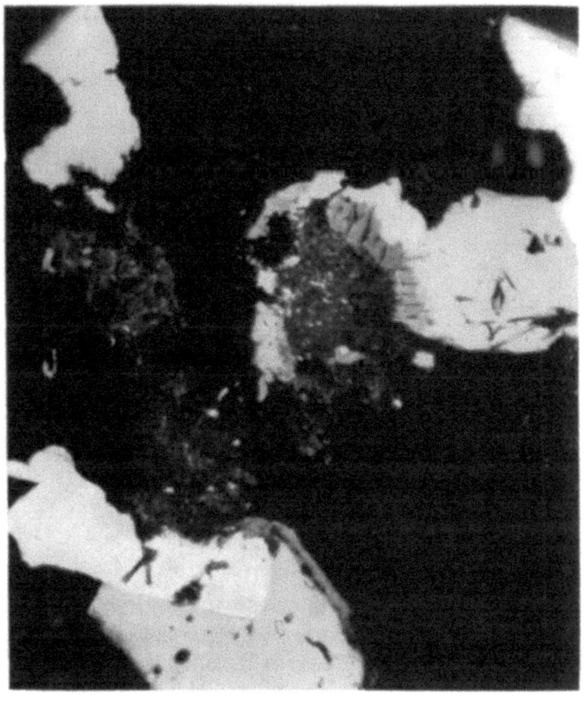

Abbildung 113

Abb. 114. Leader Reef, O. F. S.
Relikt von Magnetit, gepanzert durch Magnetkies – im Pyrit.
Vergr. 700 mal.

Abb. 115. Main Reef, F. E. R.
Magnetkies entstehend aus poriger Knolle. Pyrit dabei schon wieder zu gut entwickelten xx geworden.
Vergr. 150 mal.

Abb. 116. Main Reef, F. E. R.
Ursprünglich kompakt radiale bis palmettenartige Konkretion mit Bildung von Magnetkies in auffallend gleichbleibender Dicke.
Vergr. 250 mal.

Abb. 117. Main Reef, F. E. R.
Magnetkies (leider einige Löcher) umhüllt ganz oder teilweise „kohlige Substanz", ist also *jünger* als diese. Er enthält einige wenige Relikte von Pyrit. „Kohlige Substanz" ist – natürlich – jünger als Zirkon. Im einen Korn kohliger Substanz mehrere große Uranpecherzkörner, im anderen ist es „wegverdaut", aber massenhaft PbS zeigt, daß dieser Vorgang schon äußerst alt ist.
Vergr. 150 mal.

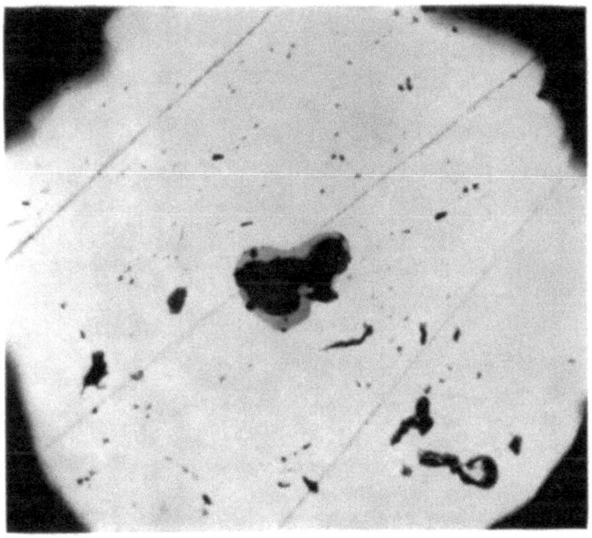

Abbildung 114

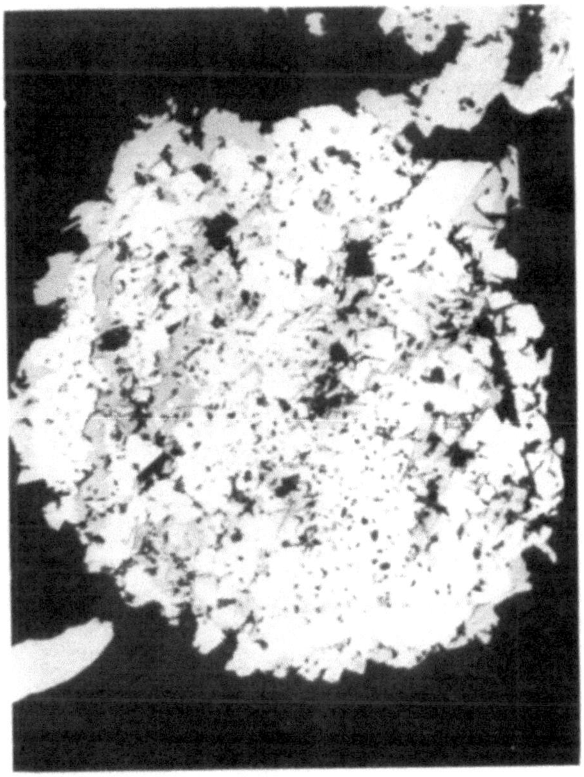

Abbildung 115

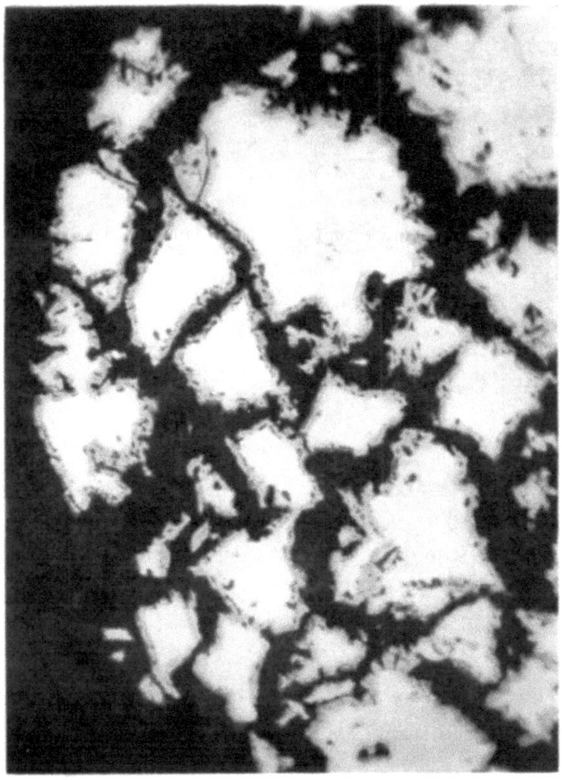

Abbildung 116

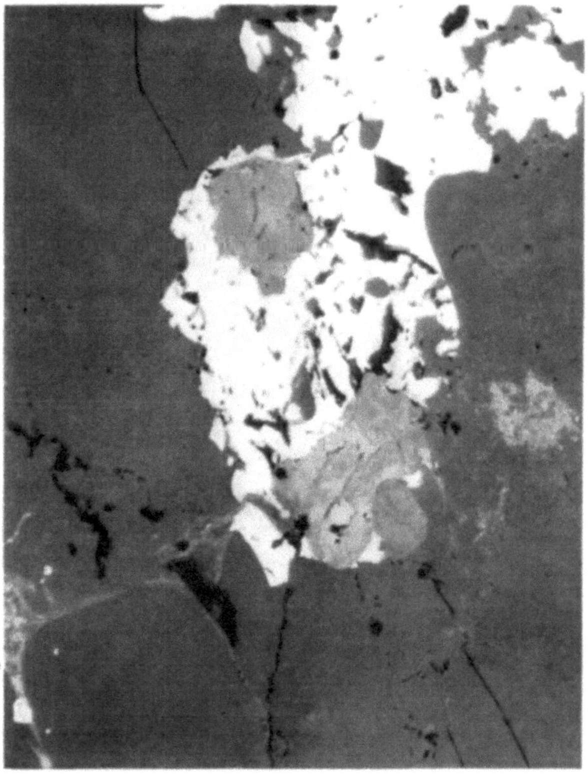

Abbildung 117

Abb. 118. Black Reef, Basal Conglomerate, F. E. R.
Anisotropes, sehr stark reflektierendes Mineral, wohl sicher Edelmetallträger, in poriger Knolle infiltriert. (Es gibt noch ein sehr ähnliches, das aber isotrop ist.) Schwarz sind offene Poren, gegen die ein wirr orientierter Pyrit idiomorph ist.
Vergr. 700mal.

Abb. 119. Rietfontein, Bastard Reef.
Pyrit mit Skutterudit in orientierter Umwachsung. (N. B. $3a_0$ von Pyrit ist fast genau $2a_0$ von Skutterudit).
Vergr. 250mal.

Abb. 120. Black Reef, Basal Conglomerate. F. E. R.
Rutil wächst in Nadeln in den Quarz hinein. – Vgl. die übrigen Bilder mit Rutil. Hier klare Abhängigkeit von einer größeren Rutilanhäufung.
Vergr. 700mal.

Abb. 121. Basal Reef, O. F. S.
Rutilnädelchen am Rand – – – – von Quarzgeröllen. In Main-Reef-Leader-Proben ist oft ersichtlich der Rutil vom Rand aus in den Quarz hineingewachsen, oft in deutlicher Abhängigkeit von größeren auflagernden Rutilanhäufungen. Hier ist das gelegentlich ebenso; in vorliegender Probe lege ich mich nicht fest!
Vergr. 700mal.

Abb. 122. Black Reef, Basal Conglomerate.
Rutilnadeln orientiert im Quarz. (Besonders günstige Schnittlage zum Photographieren – gelingt so höchst selten.)
Vergr. 700mal.

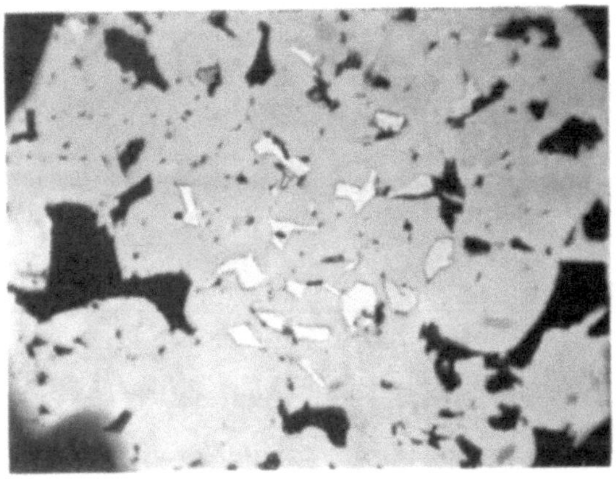

Abbildung 118

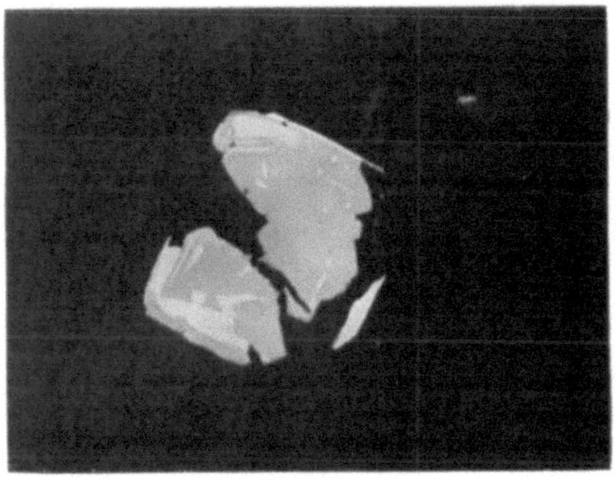

Abbildung 119

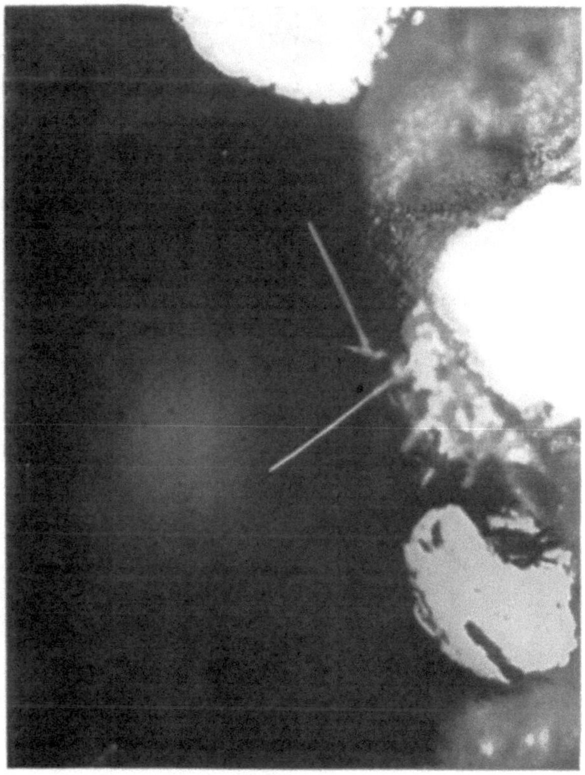

Abbildung 120

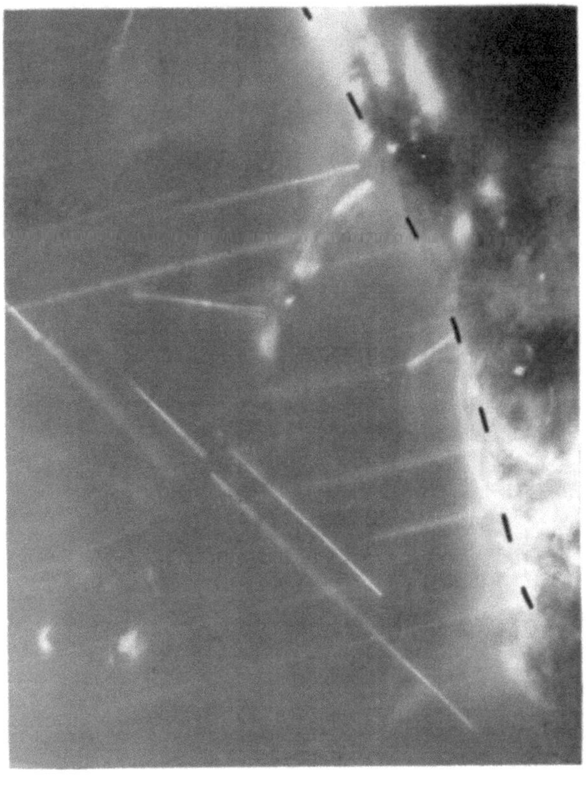

Abbildung 121

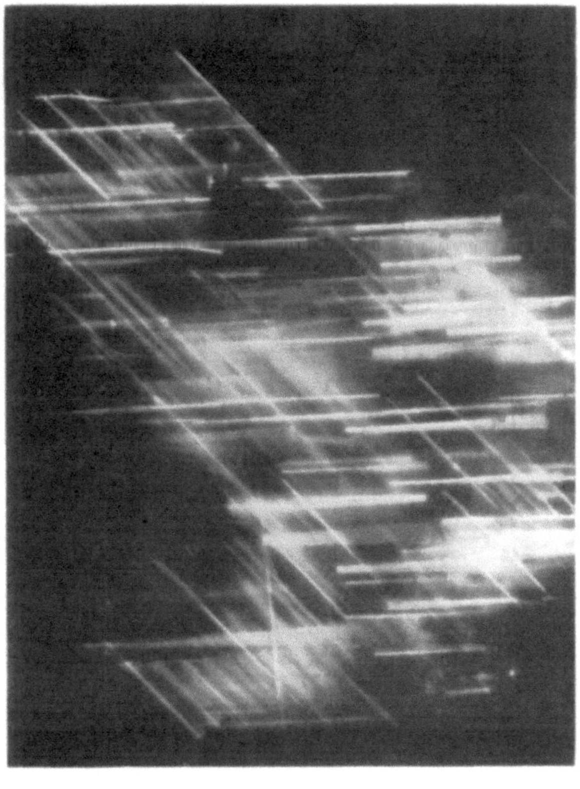

Abbildung 122

Abb. 123. „Witwatersrand“ (wohl Main Reef, C. R.).
Rutilnadeln im Quarz eines großen Quarzgerölls. Die Nadeln sind *nur* am Rand des Gerölls vorhanden und reichen höchstens ~ 1 mm hinein, müssen also vom Rande eingewandert sein.
Vergr. 250mal.

Abb. 124. Bastard Reef, Rietfontein.
Chloritoid – hier besonders massenhaft. Auf Korngrenzen, aber oft in „gesunden“ Quarz hineinwachsend.
Vergr. 80mal.

Abb. 125. Main Reef, F. E. R.
Pyrit, kompakte idiomorphe Körner, jünger als „kohlige Substanz“.
Vergr. 150mal.

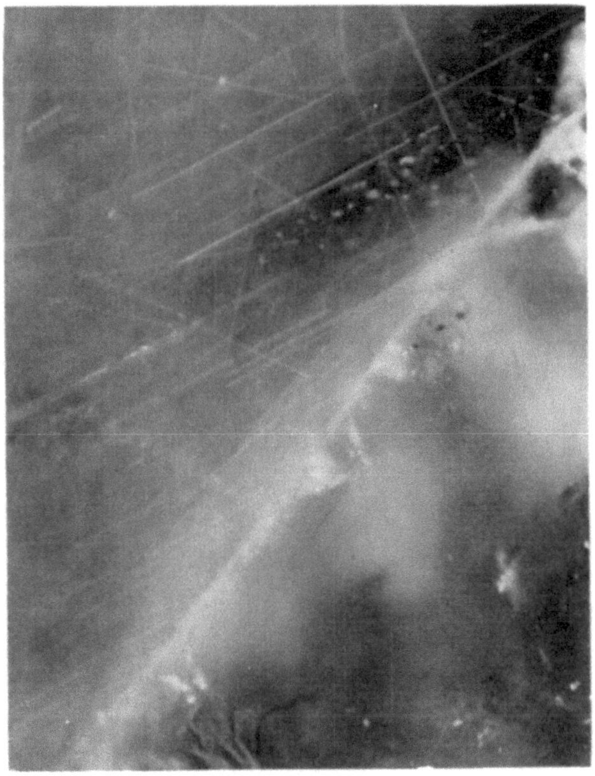

Abbildung 123

Abbildung 124

Abbildung 125

Abb. 126. F. E. R., wohl Kimberley Reef.
„Kohlige Substanz", stengelige Varietät. Allenthalben Körner von Uranpecherz, oft eigentümliche Querrisse. Vereinzelte Körnchen von Au.
Vergr. 250 mal, 1 Nicol.

Abb. 127. F. E. R., wohl Kimberley Reef. – Wie Abb. 126.
„Kohlige Substanz", stengelige Varietät. Parallelfaserigkeit kommt bei gekreuzten Nicols heraus.
Vergr. 250 mal, Nicols +.

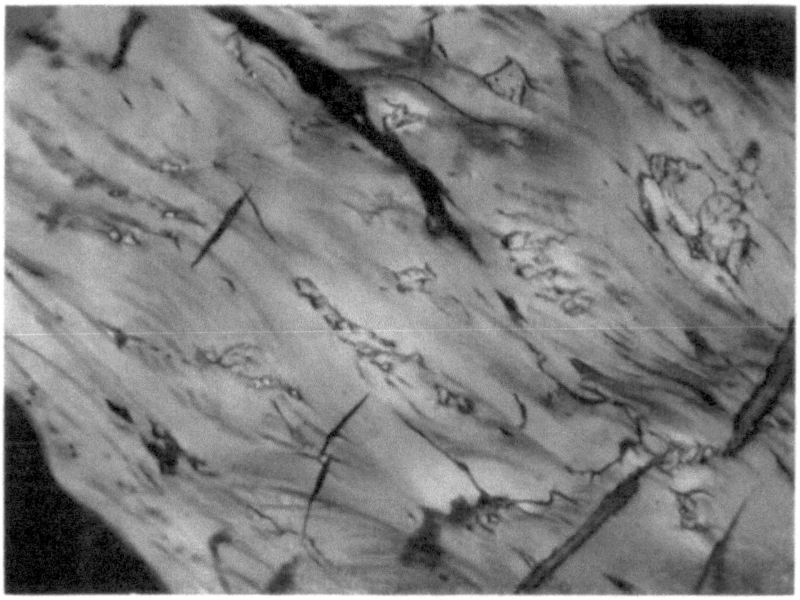

Abbildung 126

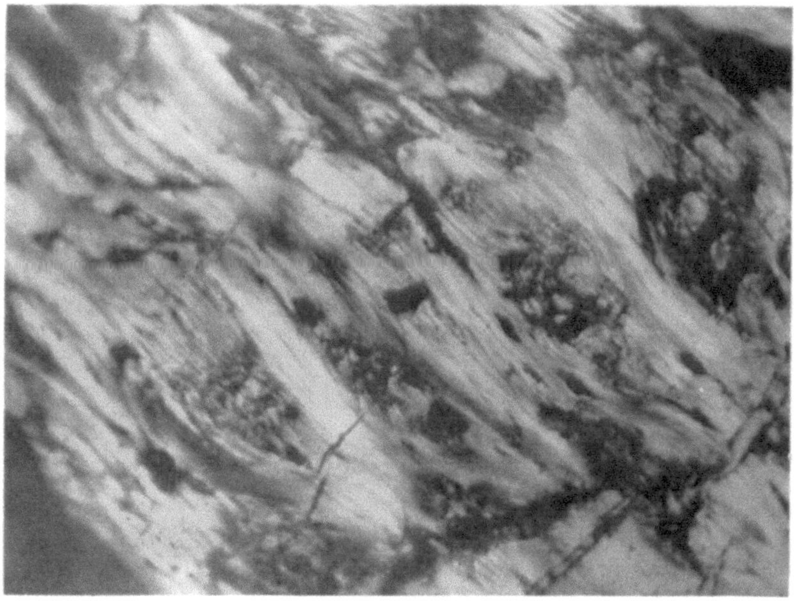

Abbildung 127

Abb. 128. Kimberley Reef, F. E. R.
Gold in Pyritkristall. Es läßt sich, durch Ätzung oder feine Härteunterschiede, zeigen, daß das Gold jünger ist als ein geröllförmiger Pyritkern, aber gleichalterig mit dem Weiterwachsen dieses Pyrits zu einem idiomorphen Kristall. — Ein Teil der Außenzonen dieses Pyrits ist stark porig. Vergr. 250 mal, Ölimmersion.

Abb. 129. Basal Reef, O. F. S.
Aggregat von sehr stark porig zonaren Pyritkörnern. Das Pyritaggregat ist in bereits abgerolltem Zustand in das Konglomerat gekommen. Ein ganz in der Nähe der Oberfläche liegendes zonares Korn ist aus zirkulierenden Lösungen mit Kupferkies infiltriert und teilweise verdrängt, wie es an anderen Stellen auch für Gold zutrifft. Vergr. 250 mal, Immersion.

Abb. 130. Basal Reef, O. F. S.
Kohlige Substanz, stängelig entwickelt aus dem alleruntersten Teil des Reefs. — Bruchstücke von Uranpecherz haben in ihrer Umgebung das Reflexionsvermögen der „kohligen Substanz" erhöht. Die sehr auffallende Erscheinung, daß in unmittelbarster Nachbarschaft der Uranpecherzkörner kohlige Substanz mit sehr viel geringerem Reflexionsvermögen vorliegt, ist so zu erklären, daß es offensichtlich jüngere Füllungen von Zerrungsschatten sind. — Streckung parallel der langen Bildseite! Vergr. 250 mal, Immersion.

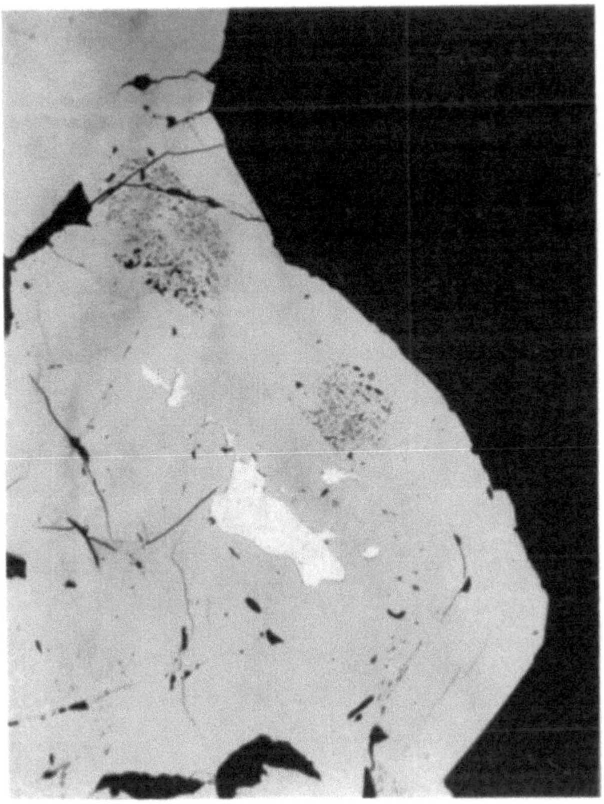

Abbildung 128

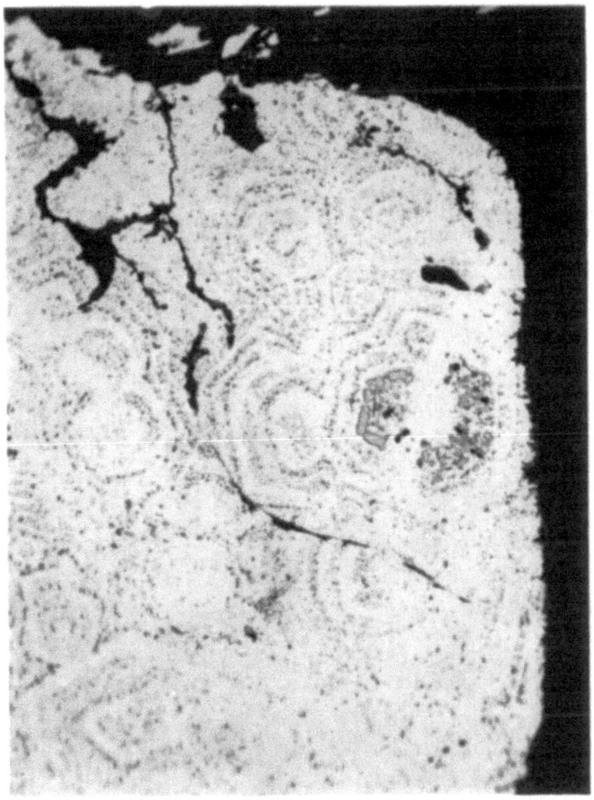

Abbildung 129

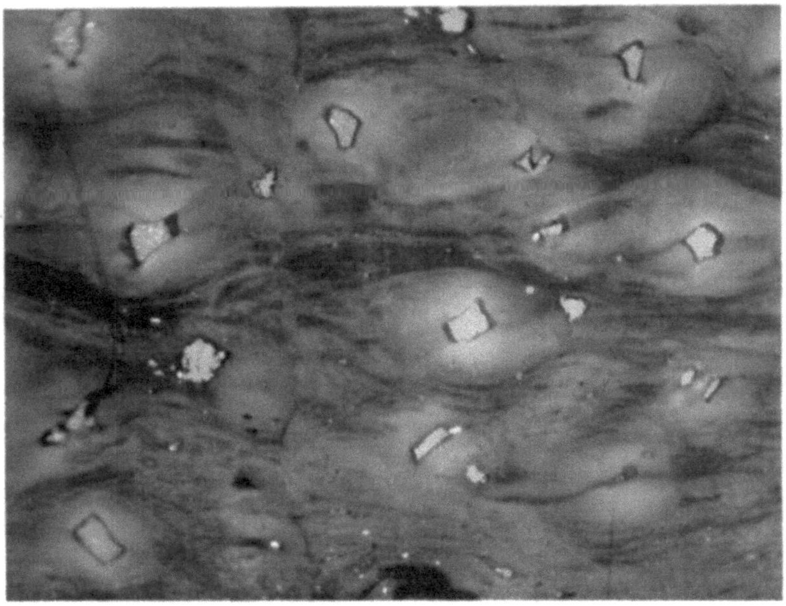

Abbildung 130

FSC
www.fsc.org
MIX
Papier | Fördert
gute Waldnutzung
FSC® C083411

Kolibri 360 GmbH
Ferdinand-Jühlke-Straße 7
99095 Erfurt, Deutschland
produktsicherheit@kolibri360.de